U0181805

简策藏好书，博文知天下

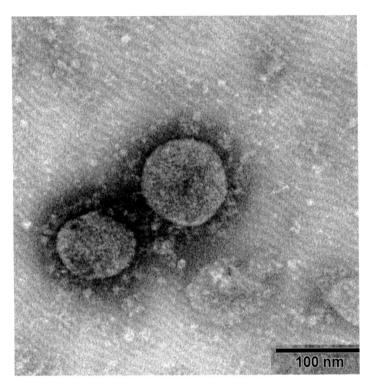

100 nm

从环境样本中分离的新型冠状病毒武汉株02

来源｜国家病原微生物资源库

（中国疾病预防控制中心病毒病预防控制所）

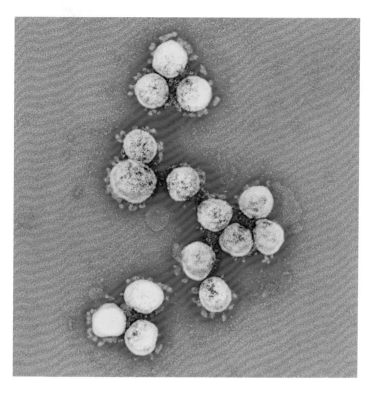

从患者样本中分离的新型冠状病毒

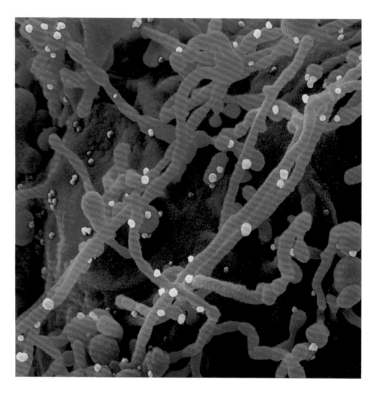

新型冠状病毒（黄色）与细胞（紫色）

来源 | 美国国家过敏症和传染病研究所

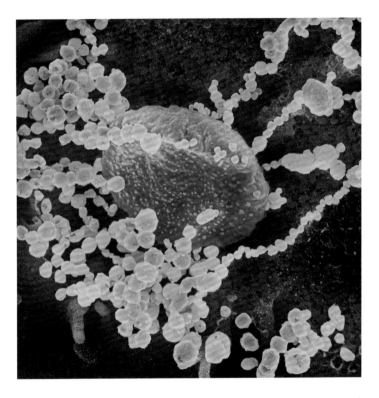

新型冠状病毒（金色）从实验室培养的细胞表面浮出

来源 | 美国国家过敏症和传染病研究所

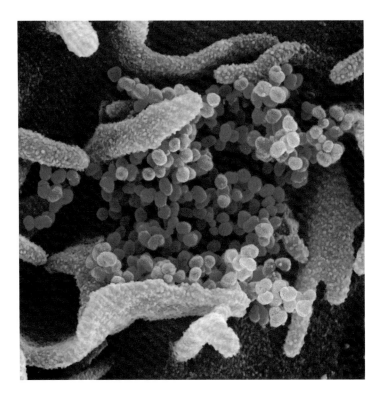

聚集在细胞之间的新型冠状病毒（橙色）

来源 | 美国国家过敏症和传染病研究所

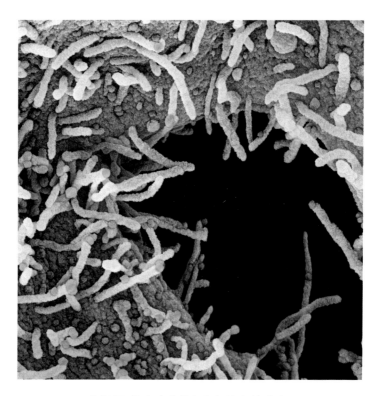

新型冠状病毒（黄色）在体内的分布

来源 | 美国国家过敏症和传染病研究所

病毒的进化

从流感到埃博拉病毒

牟文婷 译

[英]弗兰克·瑞安 著

人民日报出版社

北京

图书在版编目(CIP)数据

病毒的进化：从流感到埃博拉病毒 / (英)弗兰克·瑞安著；牟文婷译. — 北京：人民日报出版社,2021.4(2023.4重印)

书名原文：Virusphere: From Common Colds to Ebola Epidemics: Why We Need the Viruses That Plague Us

ISBN 978-7-5115-6939-4

Ⅰ.①病… Ⅱ.①弗… ②牟… Ⅲ.①病毒–普及读物 Ⅳ.①Q939.4–49

中国版本图书馆 CIP 数据核字(2021)第 045253 号

书　　名：病毒的进化：从流感到埃博拉病毒
　　　　　BINGDU DE JINHUA: CONG LIUGAN DAO AIBOLA BINGDU
著　　者：[英]弗兰克·瑞安
译　　者：牟文婷

出 版 人：刘华新
责任编辑：翟福军　苏国友

出版发行：人民日报 出版社
社　　址：北京金台西路 2 号
邮政编码：100733
发行热线：(010) 65369509　65369512　65363531　65363528
邮购热线：(010) 65369530　65363527
网　　址：www.peopledailypress.com
经　　销：新华书店
印　　刷：唐山富达印务有限公司

开　　本：880mm×1230mm　1/32
字　　数：132 千字
印　　张：8.5
版次印次：2021 年 5 月第 1 版　2023 年 4 月第 1 版第 3 次印刷

书　　号：ISBN 978-7-5115-6939-4
定　　价：49.00 元

如发现编校差错或印装问题,请拨打售后服务电话010-82838515

感谢我的编辑迈尔斯·阿奇博尔德

和黑兹尔·埃里克松

以及我的经纪人乔纳森·佩格

感谢他们对我的支持

我们之间玩着可怕的游戏，

走进了彼此的核心。

———

安东尼·霍普金斯

引　言

　　2019年12月，中国湖北省武汉市的医生们发现了一种新型疾病。起初，这种病看起来像是当地暴发的流感。虽然它的传播方式和流感一样，都是通过咳嗽和打喷嚏时产生的气溶胶来传播，但是，这种疾病与流感的不同之处在于，它往往能进入呼吸道的深处，甚至能到达进行气体交换的肺泡。对重症患者而言，这种肺部感染会造成病毒性肺炎。随着疫情的发展，卫生部门意识到他们所面对的不是普通的流感病毒，而是一种从未见过的病毒。按照病毒学的术语，它是一种"新发病毒"，即迄今为止人们未曾发现过的病毒，能引发新的疾病。后来科学家们确认，这种神秘病毒是一种冠状病毒。世界卫生组织根据疾病的属性和出现的年份将其命名为"新型冠状病毒肺炎"（COVID-19）。

　　在电子显微镜下，冠状病毒呈球形，周围有一圈刺突，看起来很像我们熟悉的水雷，因此而得名。此外，新型冠状病毒肺炎与季节性流感还有一个关键的不同点。长期以来，人们一直都在接触季节性流感。这表明，如果我们遇到的是一种普通的流感病毒，那么，我们的身体可能已经产生了部分免疫。实际上，新型冠状病毒肺炎是由一种新发病毒引起的，因此我们对它没有任何免疫力。令人意外的是，许多新型冠状病毒肺炎患者都表现为轻症，只有约五分之一的重症、危重症患者。但是，新型冠状病毒肺炎极具传染性，这个事实抵消了重症、危重症患者比例较低的好消息。因此，从总数上来看，患者的数量也比我们最初预想的要多。我们将在本书第10章"大流行的威胁：流感和新型冠状病毒肺炎"中仔细地研究这些病毒，并找到远离它们的好方法。当然，新型冠状病毒肺炎只是21世纪威胁人类社会的众多疾病之一。

对地球上的生命来讲，这样或那样的威胁并不鲜见。半个多世纪以来，我们一直生活在核末日的阴影之下。如今，虽然这种顾虑在慢慢消退，但是新的隐患却不断地浮出水面。生物圈正面临着无情的威胁，如全球变暖、人类对热带雨林的大规模破坏、全球化的加速发展，以及海洋污染和过度捕捞等。这些情况引发了一个显而易见的问题：新传染病的产生是否与人类对地球生态的破坏有关？现在，让我们把话题重新转回冠状病毒大流行上：为什么这些传染病会威胁我们？当我们仍在努力应对致命的艾滋病时，似乎有必要谨慎地思考一下：诸如人类免疫缺陷病毒1型（HIV-1）和新型冠状病毒（2019-nCoV）等新发病毒究竟从何而来？这些病毒为什么会出现在现代社会？它们为什么会有如此可怕的攻击性？是不是人口过剩、生存环境扩张、气候变化的毒性效应和生物圈的塑料污染，导致人类必须面对一场生存危机？

我还在谢菲尔德大学医学院读书时，就对病毒产生了兴趣。1990年，我开始在《病毒X》一书中寻找上述问题的答案。我花了两年的时间去参观顶级实验室，并与该领域的那些"病毒猎手"开展长期交流，其中包括美国疾病预防控制中心的特殊病原体部门、英国的波顿唐科研基地、法国巴黎的巴斯德研究所、比利时布鲁塞尔的科研机构，以及瑞士日内瓦的世界卫生组织。我还采访了一些在罹患重大疾病后有幸存活下来的人。这些研究改变了我对病毒的看法，使我对病毒进化学产生了兴趣。后来，我成了国际共生协会的一员，该协会的关注点在于生物互动的进化意义。我开始将病毒放在病毒圈中重新审视，尤其是在新型冠状病毒肺炎肆虐期间。身处当前混乱紧张局势之中的我们有必要了解事实真相，而不是一味地惊慌失措。

全世界都知道，新型冠状病毒肺炎疫情已经发展成为继1918年大流感之后世界上最严重的传染病大流行。这迫使我们重新审视自己：人类是否打破了全球气候和生物圈的微妙平衡？让我们从研究那些能给我们带来严重伤害的病毒开始。我们应该知道，病毒会如何伤害我们自身和我们的亲人，以及我们可以做些什么来减轻这种伤害。病毒往往以喷气式飞机的速度在地球上传播，不受国界、国籍、种族或宗教的限制，当下的新型冠状病毒就是如此。同时，它们也不受社会阶级、名誉、地位、财富或权力的限制。更糟糕的是，这些危险的实体在大多数情况下是看不见的，甚至在最强大的光学显微镜下也无法看见，这使得它们变得更加神秘，又或许变得更加可怕。借用安东尼·霍普金斯的比喻，这些看不见的实体不仅会侵入我们的组织和器官，还会进入我们最亲密、最深处的核心地带——含有DNA的活细胞。

尽管如此，但病毒并不邪恶。它们既不能思考，也不知道对错。因此，病毒在本质上不属于道德评判的范畴。虽然它们看起来很奇怪，但也有好的一面。直到最近我们才意识到，病毒是地球生命进化的组成部分，它们与地球上的生命相互依存，在维护生物圈的健康方面发挥着关键作用。

病毒学家提出了一个新术语——"病毒圈"，用以描述病毒和细胞之间那奇怪而又复杂的相互作用。病毒圈由病毒与宿主相互作用的结合带组成，包含各种生境。病毒是地球环境中丰度最高的生物,在数量上比细胞形式的生命(包括细菌)多出一到两个量级。这形成了一种平衡,即病毒不仅能防止海洋变成细菌污染的有毒物,还能为海洋和陆地的食物链提供营养基础。

其实,人类并不是世界的霸主,真相与大众的观点恰恰相反。我们与处在不同生态位的生物共享地球,而新型冠状病毒肺炎提醒着我们,生活虽然很残酷,但也是一个相互作用的过程。病毒和病毒圈(我们和病毒发生冲突和作用的地带)就是这种时而残酷但又弥足珍贵的生命依存关系的基本组成部分。

目　录

一 Chapter 1
什么是病毒

　　直到近十年人们才逐渐意识到，我们不仅生活在一个可见的生物圈（包括土壤、空气和海洋）中，还生活在一个不熟悉、不可见的病毒圈中。我们所生活的周围环境以及机体内部都含有病毒，它们既是自我进化的外在有机体，也是能与我们体内细胞相互作用的共生体。我们可能并没有意识到这些时时刻刻生活在我们体内的微型乘客，但是，它们却用自己的方式发现了我们。

　　这对某些人来说可能有点吓人，甚至有些可怕，但事实上我们不必为此惊慌，因为病毒一直都在。在地球生物进化的历程中，它们很可能出现在人类起源之前，或者早于哺乳动物，又或者早于任何的动物、植物和真菌；如果我没猜错的话，它们甚至在单细胞变形虫出现之前就已经存在了。现在，病毒学开始逐渐明白病毒在生命起源、生物多样性及生物圈健康中的作用。

病毒肯定具有一些非凡的特征，否则将无法完成这一切功能。例如，虽然病毒无法移动，但它们能通过流行病的方式在人类之间传播，并且毫不费力地遍布全球。虽然病毒没有视觉、听觉、触觉、嗅觉和味觉，但它们能异常精准地探测到目标细胞、器官或组织。为防止这种情况的发生，我们的免疫系统会进行无情的反击，但是，它们还是能侵入我们的机体。一旦它们发现目标细胞，就会穿透细胞膜，冲破细胞防御，进入细胞的大本营，接管细胞内的生理、生化和遗传过程，迫使细胞成为子代病毒的制造工厂。

欢迎来到病毒世界！

毫无疑问，这是一个奇怪的世界，充满了神秘色彩。而且，我们还不能在最基本的层面上研究它。

什么是病毒？我们该如何定义病毒？病毒和细菌之间又有什么区别呢？因为许多常见的传染病都是由病毒和细菌造成的，所以大众往往会混淆它们，其实，病毒和细菌是两个完全不同的概念。病毒比细菌更难定义，因为病毒是一种界于生命和非生命之间的物质。曾有一位杰出的学者将病毒喻为"包裹在蛋白质里的灾祸"，对它们不予理睬。虽然这种傲慢的比喻中夹杂着一丝真理，但病毒可不仅仅是灾害的来源这么简单。

不如让我们更深入地探讨一下吧！从鲸鱼到人类，从毛莨到所谓的低级生物细菌，病毒是否像其他生物一样依赖于基因和基因组呢？这个问题的答案无疑是肯定的！病毒的确含有基因组，上面有编码蛋白质的基因。我们将在随后的章节中讨论病毒基因组的相关内容，届时，我们还会发现病毒基因组与其他生物基因组之间的重要差异。

那么，病毒是否与植物和动物一样遵循着同一种进化规律呢？答案依然是肯定的！由于病毒的存在，进化规律（涉及的具体机制）受到了一些影响。病毒只能利用宿主细胞来实现自我复制，因此，病毒曾被称为"专性基因寄生生物"。但是，随着我们对病毒的了解逐渐加深，再加上它们在宿主进化过程中所起到的复杂作用，这个旧定义已经不合适了。我们需要一个更恰当的定义，这个定义必须将病毒是共生体的事实考虑在内。其实，我们已经知道，病毒是终极共生体，具有三种共生行为模式——寄生、共栖和互利共生。此外，由于病毒在处理与宿主相关的进化规律中具有积极的一面，因此，它们也是潜在的"积极共生体"。

随着我们对病毒自身进化轨迹以及它对宿主进化影响的研究的不断深入，它们的故事会变得越来越离奇、越来越引人入胜。在地球上出现细胞形式的生命之前，病毒就已经出现在化学物质的自我复制阶段,这一说法是否合理呢?如果这是事实的话,那么,病毒又是如何从这种原始形式实现自我进化,并帮助地球上所有生命实现进化的呢?

本书将以致病性病毒为切入点,以一种循序渐进的方式启发读者。我们将讨论以下疾病的原理:普通感冒、儿童疾病(如麻疹、水痘、疱疹、腮腺炎和风疹)、一些不太常见的疾病(如狂犬病、登革热和埃博拉出血热)和一些由病毒引起的癌症(如伯基特淋巴瘤)。我们将在讨论过程中探究病毒的感染原因,并就病毒进入机体后会发生什么、它们如何引起感染症状等问题进行解答。只有当我们认识到病毒在与人类"相互作用"的过程中所获得的能力时,才能对它进行更深入的了解。我们将从病毒的视角来审视那些重要的流行病,如流感、天花、艾滋病和脊髓灰质炎,这有助于我们阐述病毒感染对人类社会历史(从古埃及壁画到美洲、大洋洲和非洲的殖民地)的影响。本书还会深入探讨疫苗,包括从几个世纪前人类首次接种的天花疫苗到最近颇有争议的三联疫苗和人乳头瘤病毒疫苗。

当人类试图探索病毒与疾病的因果关系时,病毒学应运而生。我们以那些熟悉的病毒为研究对象,通过揭秘它们在生命进化过程中的作用来拓展我们的视野,同时,我们还将探讨病毒对人类进化史的影响。我们将会了解到人类如何与病毒共存，以及病毒如何在最亲密的层面上改变人类，影响进化过程。

　　我希望读者朋友能像我一样，站在生命起源的角度上认识病毒的重要性，它是我们地球上伟大的生物奇迹之一。从宏观上来讲，有关病毒的报道基本上都是负面的。这种现象可以理解，因为先前几代病毒学家与病毒的唯一交集就是去解决那些由病毒造成的感染。时至今日，一股变革之风正吹向病毒世界。最近，一位著名的病毒进化学家提出，我们正在见证"病毒回归热潮"。这位学者所说的究竟是什么意思？为什么一些现代病毒学领军人物会引入"病毒圈"这个术语，并将其作为打开病毒对整个地球生物圈影响之谜的关键钥匙呢？难道真像一些人所想的那样，病毒应该被视为"生命的第四域"吗？

Chapter 2 —
咳嗽、打喷嚏会传播疾病

从历史的角度来讲，病毒在生物学分类上隶属于"微生物"。微生物是造成人类、动物和植物罹患感染性疾病的根本原因。令人感兴趣的是，我们体内的部分器官对微生物非常熟悉，尤其是病毒。那就是人体的防御系统，医学上将其称为免疫系统。也许，正是因为我们生活在一个充满微生物的世界里，我们才会拥有这种天生的免疫保护屏障。

我们的皮肤和黏膜表面上覆盖着大量的微生物。生物学家将其称为"人体微生物群系"。虽然仅仅是承认它们的存在就会让我们中的一些人感到惶惶不安，但是这个隐秘的世界并不具有真正的威胁性。这些各种各样的细菌和其他微生物是我们机体的一部分，它们栖息在我们的皮肤表面、口腔、咽喉、鼻孔、鼻腔，以及女性的生殖道中。据说，人体内大约有30万亿到40万亿个细胞——如果用科学计数法表示的话是

$3 \times 10^{13} \sim 4 \times 10^{13}$——这些细胞组成了人体的组织和器官。与此同时，人类的皮肤、肠道、口腔、鼻腔、咽喉和女性生殖道中的微生物（包括细菌、古生菌和原生生物）数量是人体细胞数量的10倍。曾经发生过的流行病和日常感染给我们的生活留下了阴影，让我们想当然地认为所有微生物都是有害的；但是，人体微生物群系实际上对我们无害。许多微生物只是以共生方式生活在我们体内，并不会伤害我们；而且大部分微生物有助于我们保持身体健康。例如，肠道内的微生物在营养物质的吸收过程中扮演着重要角色，可以帮助我们吸收维生素 B_{12}，保护我们的肠道免受致病微生物的侵害。在我们的排泄物中，结肠菌群至少占到30%。

越来越多的证据表明，人类从皮肤和腹腔的微生物菌群中受益匪浅。这种整体性的认知回避了一个相关问题：病毒是否也是人体微生物群系的一部分，是否也会对我们的健康做出贡献？那些有利于宿主吸收营养或保持健康的微生物肯定与宿主进行了长时间的共生进化。接下来，我们将思考病毒与宿主之间的相互作用。如果想拿病毒和细胞共生体（如人体肠道或皮肤的细菌菌群）做比较的话，我们就必须考虑一些完全不同的东西。病毒栖息在宿主的基因组中。

单从功能方面来讲，病毒似乎不能发挥什么作用，例如，它们并不能帮助人体吸收维生素。不过真正的问题在于,如果病毒能够在某种程度上有利于宿主健康,或者帮助宿主进化,那么这种贡献可能就比较微妙了,也许会涉及病毒与人类宿主的免疫系统之间、病毒与更深层次的人类遗传机制之间的相互作用,甚至会涉及人类细胞核中的基因组(人类遗传信息的存储库)的改变。如果这是真的,那么病毒在人类的进化过程中的确做出了巨大的贡献。

这些问题很重要。也许,很多读者会觉得只有那些不怎么有用的病毒才具有这种能力。

本书将探索光怪陆离的病毒世界。让我们从消除以下这个普遍存在的误区为切入点:很多人将病毒和细菌混为一谈。这很正常,因为病毒和细菌都能导致人类日常生活中的常见病,尤其是儿童发热。家庭医生每天都要处理这些常见病,通常他们会使用类似的方法来实施治疗——用抗生素来治疗细菌性感染,用抗病毒药物来治疗病毒性感染,或者接种相应的疫苗。因此,难怪人们会混淆病毒和细菌。那么,二者之间究竟有什么区别呢?

其实,病毒和细菌之间存在很大区别。最明显的就是体型大小:大部分病毒都比细菌小很多。如果我们仔细观察一下感冒的先兆——咳嗽和打喷嚏,就能很好地理解这点。虽然其他病毒也会引起感冒，但是大多数感冒的罪魁祸首都是一种叫作"鼻病毒"的特殊病毒。如果我们回想一下感冒的常见症状，如打喷嚏、鼻塞和流鼻涕，就会发现"鼻病毒"这个名字还是非常贴切的，因为其英文名"rhinovirus"中的"rhino"一词源于希腊语的"rhinos"，意思为"鼻子"。在所有感染人类的病毒中，鼻病毒最为常见。每当秋冬时节来临，由鼻病毒引发的感冒就会出现季节性高峰。我们对鼻病毒了解得越多，就越能见证其对自然环境以及感染和传播的生命周期的适应性。

鼻病毒非常微小，直径在18～30纳米之间。1纳米是1米的十亿分之一。我们通过这点就能看出，单个鼻病毒是非常小的微生物（病毒颗粒）。从分类学来看，鼻病毒被归为小RNA病毒科的鼻病毒属，其科名"picornavirus"源于"pico"和"rna"，表明鼻病毒是一种RNA病毒而非DNA病毒。现在，让我们暂时先把这些与遗传物质相关的讨论放在一边，本书将在随后的章节中重新讨论RNA病毒基因组的意义。

让我们回到病毒和细菌的大小问题上，实验室的普通光学显微镜无法观察到鼻病毒。只有在放大倍数惊人的电子显微镜下才能看到这些外形近似球体的病毒颗粒。其实，如果我们在电子显微镜下仔细地观察单个病毒颗粒，就会发现它们并不是真正的球体，而是多面体，看起来像切割的钻石一样。用专业术语来说,鼻病毒的多面体就是病毒的"衣壳",这个结构相当于人类细胞的细胞膜。衣壳的结构非常对称,由20个等边三角形构成。每个病毒都有基因组,由DNA或RNA组成。蛋白质衣壳将病毒的基因组包裹起来,起到保护作用。衣壳赋予鼻病毒准晶体外观,即所谓的二十面体。然而,构成这种多面体的物质并不是金刚石,而是蛋白质。

　　早在电子显微镜发明之前,微生物学家就发现了病毒的存在。他们通过病毒对宿主细胞的影响来检测病毒的存在,甚至还可以通过病变的细胞计算出病毒的数量。毫无疑问,人类鼻黏膜或气管内膜的细胞是鼻病毒的最佳生存环境。它们的最适培养温度为33~35℃,这与人类秋冬时节的鼻孔温度一致。

　　鼻病毒非常适应宿主的内环境。对特定宿主而言,它们的感染性非常强。科学家曾做过这样的实验,他们挑选出一些易感染人的鼻病毒亚型,再用它们去感染实验动物,比如黑猩猩和长臂猿,此时,鼻病毒对宿主的选择性就变得尤为突出。科学家在任何动物身上都无法复制出典型的感冒症状。由此我们可以得出一个与病毒相关的重要结论:鼻病毒选择的宿主非常特别,它们只选择智人(现代人)。该发现具有一定的意义。这表明,人类感染对病毒的存活而言至关重要。只有通过人与人之间的传播,病毒才能存活并繁殖出子代。作为人类的我们是鼻病毒的自然宿主。

但是，只要对这种想法稍加思考，我们就会发现一个问题：这些微小的多面体不能运动。它们是如何毫不费力地跨越整个国家乃至国际边界，在人类之间进行传播的呢？

我们其实已经有了答案，它就隐藏在本章的标题中。为什么我们会咳嗽、打喷嚏呢？那是因为我们的鼻腔、喉咙和气管受到了刺激。当外来异物阻挡我们呼吸时，这是机体做出的自然反应。鼻病毒通过刺激我们的鼻道黏膜引起同样的生理反应。随着人们咳嗽和打喷嚏，这些病毒暴发性地喷射到周围的空气中，从而感染新宿主，造成人与人之间的传播。此时，我们了解到病毒的一个重要特点：病毒不需要任何移动方式，人类就是它们的交通工具。无论我们走到哪里，只要咳嗽、打喷嚏，就能帮助它们传播。

因此，病毒实在是太聪明了！

其实，病毒并不聪明。它们的构造非常简单，根本没有大脑。现在，我们要解开关于病毒的其他谜团。例如，一个直径只有30纳米的微生物，是如何让我们患上感冒的呢？这个问题的谜底就是进化。病毒具有非凡的进化能力。它们的进化速度远比人类的要快，甚至比细菌的也要快。在随后的章节中，我们将接触到病毒利用宿主实现自身移动的进化方式。

那么，当鼻病毒进入人体后会发生什么呢？

鼻病毒作用的靶细胞是鼻道上皮细胞。一旦鼻病毒进入鼻道，它们就会以这些细胞为目标，并与细胞膜表面的特异性受体相结合，穿过细胞膜，进入细胞内部或细胞质。此时，病毒就会接管细胞的代谢途径，从而使整个细胞转而为它生产子代病毒。接下来，子代病毒会被释放到鼻腔和气道，开始寻找新的靶细胞继续感染。人们似乎只要从感染者的咳嗽或喷嚏中吸入微量的病毒，就能引发新的感染。当病毒进入新个体后，感染者仅需1天的时间就能从细胞中排出子代病毒。通常情况下，只要我们吸入鼻病毒就会被感染。鼻病毒复制的高峰期将发生在感染后的第四天。

幸运的是，当病毒发起攻击时，人类的免疫系统已经注意到了它们，并识别出了病毒的特异性抗原——我们称之为血清型。现在问题来了，只有当免疫系统识别病毒后才能产生新的血清型，这一过程不仅需要时间，而且需要建立一个强大的响应系统。第六天时，鼻道已经成为病毒和免疫细胞的战场，双方对峙毫不相让。这种强烈的免疫反应导致鼻道内的大部分上皮细胞脱落，形成红肿发炎的表面，这促使鼻道变窄并分泌出大量的黏液，同时，黏液中的病毒抗体不断增多。最后，病毒抗体会杀死鼻病毒，并由吞噬性白细胞打扫"战场"。在持续时长约为1到3周的免疫反应期间，新感染的宿主也参与了同样的不幸循环——通过咳嗽和打喷嚏将病毒传染给其他人。

俗话说，感冒是小毛病。通常情况下这句话是对的，但对于儿童来讲，感冒会造成鼻窦炎和中耳炎（一种令人讨厌的中耳细菌感染）。同时，感冒还会加重过敏人群的哮喘，引发囊性纤维化患者或慢性支气管炎患者的继发性肺部感染。不过，大部分情况下，我们都会战胜鼻病毒并完全康复。

怎么做才能降低感冒的风险呢？当我们感染病毒后，有什么行之有效的治疗方法吗？

罗马时代的小普林尼曾推荐人们通过亲吻多毛老鼠的口鼻来治疗感冒。相较而言，18世纪的本杰明·富兰克林则比较明智，他认为接触寒冷潮湿的空气会导致感冒。同时，他还建议人们多呼吸新鲜空气，避免吸入他人呼出的空气。后来，人类社会还出现了许多自称能够预防或治疗感冒的方法。其中最受欢迎的是美国著名化学家莱纳斯·鲍林倡导人们服用维生素C的方法。但是，经科学论证后，这个方法的作用并不明显。

我们是否更应该注重基本常识？当人们接触了患者咳嗽和打喷嚏传出的飞沫时，才会感冒。对于人员比较密集的办公室，或者当家里有患病的亲人时，我们应该遵循这句老话：把病菌困在手帕里。如果有人觉得自己是易感人群，那么，当他暴露在感染环境中时应该戴上口罩，这样才能降低感染风险。

现在还有一个问题：如果我们的免疫系统已经识别了鼻病毒并做出了相应的免疫反应，那么，为什么我们还会感冒呢？其实，鼻病毒的抗原很复杂，大约有100种不同的血清型。因为不同血清型的鼻病毒之间很少存在交叉，所以任何一种类型的免疫都不能完全保护我们。除此之外，鼻病毒的血清型还能进化，这导致它们的抗原特性非常容易改变。

一 Chapter 3
霍乱的克星

　　1994年，全世界都在报道卢旺达的种族大屠杀事件。当地主要民族胡图族与少数民族图西族之间爆发了内战，前者对后者进行了惨绝人寰的屠杀。虽然图西族约有50万人在屠杀中丧命，但真正输掉战争的却是胡图族。胡图族约有200万人逃离了自己的国家，其中一半的人向西北方向逃离，越过了当时的扎伊尔共和国（今刚果民主共和国）边界，最终在戈马镇附近落脚。戈马镇是一个约有8万人口的僻静小镇，坐落在火山背风处的基伍湖旁。但此时的戈马镇已被绝望的难民洪流占领了，他们随身带着各种各样的东西，从毯子到山药和豆子。小镇仅一天就接纳了20万人，这些难民眼神迷茫、饥肠辘辘、无家可归。小镇的居民房台阶上、校园内、墓地里都是难民，有些人甚至站着睡觉。世界各地的媒体纷纷涌向了附近地区，争相报道眼前的混乱场景以及难民对避难所、食物和水的迫切需求。

《时代周刊》的一名记者估算,这些难民每天至少需要100万加仑(约380万升)的纯净水,然而救援人员每天准备的纯净水不足5万加仑(约19万升)。绝望的人们开始寻找淡水,但是,周围都是坚硬的火山岩,只有用重型机械才能挖出水井或厕所。难民的排泄物污染了邻近的基伍湖,为霍乱的滋生创造了完美的条件。当第一个霍乱病例确诊后,仅仅24小时内就有800人相继死亡。之后的死亡数据就无法统计了。

造成瘟疫的微生物有病毒、致命细菌(如溶血性链球菌、结核分枝杆菌和立克次氏体),以及一些原生生物(如导致疟疾、血吸虫病和弓形虫病的病原体)。霍乱是一种细菌性疾病,由形如逗号的霍乱弧菌引起。人们通常认为这种疾病起源于孟加拉盆地,早在公元400年时,印度就曾暴发了霍乱,造成了致命疫情。霍乱弧菌的传播途径比较复杂,涉及两个完全不同的阶段。第一个阶段是水环境,霍乱弧菌在浮游生物、卵、变形虫和碎屑中繁殖,并污染周围的水质。一旦有人饮用了受污染的水,就会罹患严重的胃肠炎(表现为米泔水样便),最终因大量脱水而迅速丧命。此时,人类就成了霍乱弧菌的第二个生存环境。如果不采取严格的卫生措施,那么个别患者排出的米泔水样便将污染周围环境,特别是饮用水。这会造成霍乱弧菌快速传播的恶性循环,使其数量呈几何倍数增长。

19世纪,霍乱从中心地带传播开来,在亚洲、欧洲、非洲和美洲的许多国家暴发。霍乱造成的腹泻与普通食物中毒造成的腹泻不同。成年感染者在一天之内就会流失30升的体液和电解质,并在几小时内就会进入昏睡休克状态,最终死于心力衰竭。

首位将霍乱与受到污染的水体联系起来的人是英国麻醉师约翰·斯诺,他曾在1849年发表的一篇文章中明确地阐述了他的观点。1854年,伦敦的布罗德街附近暴发了一场流行病,斯诺将他的理论付诸实践,并指出这场疾病传播的原因是下水道的污水排放到了社区饮用水中。斯诺的这份研究报告使得世界各地的市政当局都认识到了清洁饮用水的重要性。现在,我们可以通过静脉注射电解液来挽救患者的生命,但当年基伍湖周围暴发的霍乱规模较大,而且当地的医疗设施相对落后,这些原因导致患者无法得到有效的临床治疗。当人们得知卢旺达难民营的霍乱弧菌是流行株埃尔托型(01-El-Tor)时,情况变得更加糟糕,因为它对许多抗生素都具有耐药性。这对当地卫生部门和世界卫生组织的医务人员来讲,都是头号难题。虽然这是人类有史以来规模最大的救援行动——救援组织包括扎伊尔的武装力量、全球各大救助机构,以及法国和美国的军队——但是，霍乱的蔓延速度实在太快了，即使他们联合起来也没有发挥什么作用。

3个星期后，约有100万人相继感染了霍乱。虽然我们拥有先进的医学知识和庞大的医疗援助队伍，但这场瘟疫最终还是夺走了5万人的生命。其实，很难想象如同霍乱弧菌这么顽强的细菌最终会沦为另一种微生物的猎物。在基伍湖霍乱暴发前的一个世纪，另一位英国医生曾观察到了一种神秘微生物对霍乱弧菌的攻击。

1896年，欧内斯特·汉伯里·汉金正在印度研究霍乱，他从被污染的恒河与亚穆纳河中发现了一些不同寻常的现象。他发现，只要在饮用之前先将河水煮沸，就能保护当地居民免受霍乱的侵袭。后来他又设计了一个新实验，用未煮开的河水培养霍乱弧菌，并观察会发生什么现象。他吃惊地发现，未煮开的河水里存在某种未知的东西，似乎能够捕食霍乱弧菌。这是人类有史以来第一次意识到这一点。

汉金对这一现象进行了深入研究。他发现，如果用煮开的河水培养霍乱弧菌，则不能产生杀菌效果。这表明，杀死霍乱弧菌的病原体很可能是某种生物。接下来，他想知道究竟是另一种细菌（两种细菌之间相互对抗），还是一种完全不同的生物（真正的神秘物质）杀死了霍乱弧菌。于是，汉金想用"尚柏朗-巴斯德过滤器"来完成一项新实验。12年前,法国微生物学家查理斯·尚柏朗和路易斯·巴斯德发明了这个装置。尚柏朗-巴斯德过滤器是一种由陶瓷制成的烛形装置,能够过滤直径在0.1～1.0(1微米是1米的百万分之一)微米之间的颗粒。虽然过滤器是用来分离细菌的,但是任何小于这个尺寸的物质都能通过。在过滤器问世两年后,德国微生物学家阿道夫·迈尔将其应用于烟草花叶病的研究,他发现,即使用孔径最小的尚柏朗-巴斯德过滤器进行过滤,滤液仍具有传染性。最后,他将这种疾病的传染源判定为细菌,只不过这种细菌的直径非常小。1892年,俄罗斯微生物学家德米特里·伊万诺夫斯基重复了迈尔的实验,并得出了同样的结果。但是,他认为这种疾病的传染源不是细菌。不过,他得出了另一个错误结论,即滤液中存在一种非生物的化学毒素。1896年,也就是汉金在印度的河水中发现神秘物质的那年,荷兰微生物学家马丁努斯·拜耶林克也重复了烟草花叶病的过滤实验;最后他认为这种疾病的病原体既不是细菌,也不是化学毒素,而是一种具有"传染性的活性液体"。虽然拜耶林克的发现最接近事实真相,但他的结论仍是错误的。现在,我们都知道是病毒——烟草花叶病毒造成了烟草花叶病。但是,拜耶林克的错误结论直接导致当时的《牛津英语词典》给病毒下了一个错误定义——"毒药,黏稠的液体，具有令人不适的气味或味道"。

其实，病毒既不是毒药也不是黏稠的液体，更没有令人不适的气味或味道；它是一种非常特别的有机体，不同于细菌，甚至完全不同于地球上的任何其他有机体。而且，大部分病毒都非常小，能够通过尚柏朗-巴斯德过滤器。

当汉金用特制的尚柏朗-巴斯德过滤器来过滤恒河水时，他并不知道病毒的存在。虽然汉金不能为这个神秘物质提供一个合理的解释，但他发现了地球上最重要、最普遍的一种病毒——噬菌体。噬菌体的名字"bacteriophage"源于希腊语的"phagein"，意思是"吞噬"。汉金实验中的霍乱弧菌就是由噬菌体杀死的。

汉金实验背后隐藏的真相一直是未解之谜。直到1915年，英国细菌学家弗雷德里克·特沃特又发现了类似的现象：一种非常小的微生物可以通过尚柏朗-巴斯德过滤器，并且具有杀菌能力。此时，生物学家仍然对病毒知之甚少，但它的确存在。特沃特推测，他观察到的要么是细菌生命周期的某个自然阶段——细菌产生了一种致命酶，要么是一种生长在细菌体内并能杀死细菌的病毒。两年后，一位自学成才的微生物学家费利克斯·德赫雷尔解开了这个谜团。

德赫雷尔出生于加拿大的蒙特利尔市，但他认为自己是世界公民。在接触病毒之前，他曾四处旅行，并在美国以及亚洲和非洲的多个国家工作过，最后，他定居在了法国巴黎的巴斯德研究所。当时的微生物学还是一门时髦的学科，并且发展势头迅猛。德赫雷尔在非洲突尼斯进行研究期间，偶然发现了一种病毒，它能够感染特定细菌，而这种细菌能够在蝗虫中引起致命的传染病。当他来到著名的巴斯德研究所工作时，恰逢第一次世界大战爆发期间，他对细菌性痢疾的兴趣特别浓厚，而这种疾病正在前线战壕里的士兵之间肆虐横行。

细菌性痢疾与阿米巴痢疾不同，它的病原体是志贺氏菌，借助患者的排泄物通过"手－口"途径传播。它导致的疾病症状不尽相同，从轻微的肠道不适到严重的肠痉挛，并伴随着高热、出血性腹泻和虚脱。1915年7月到8月，法国陆军的一个骑兵中队暴发了急性细菌性痢疾，使得距巴黎不到50英里（约80公里）的德法前线陷入了僵局。德赫雷尔负责此次紧急疫情的调查。他在调查的过程中发现了"一种看不见的、拮抗痢疾杆菌的微生物"，而这种微生物能在不透明的、均匀生长的痢疾杆菌培养皿上形成空斑。德赫雷尔对这个问题的处理态度与之前的学者不同，他大胆地宣布了自己的发现，"一刹那间，我猜是寄生在细菌内的病毒造成了这些空斑"。

德赫雷尔的预感完全正确。他给这种病毒取名为"噬菌体",正是我们所熟知的名字。接下来,这位微生物学家又有了额外收获。他对一位患有重度痢疾的骑兵进行了研究,并将患者的血便进行了反复培养。像往常一样,他先将痢疾杆菌放在培养皿中进行培养,然后用尚柏朗-巴斯德过滤器来过滤培养液,这样他就能检测滤液中是否存在病毒。他每天都将滤液加到新的肉汤培养液里。三天后,肉汤培养液变混浊了,这表明里面含有大量的痢疾杆菌。到了第四天,新的肉汤培养液像往常一样变得混浊,但当他在后一晚培养同样的培养液时,看到了一个戏剧性的变化。德赫雷尔说:"所有的细菌都消失了,它们像糖一样溶解在了水中。"

德赫雷尔认为是噬菌体造成了这种现象,而那位骑兵的肠道中肯定也有这种能吞噬痢疾杆菌的病毒。紧接着,他又产生了一个天才的设想:那位骑兵的体内是否也发生了同样的情况?当他火速赶到医院时,发现骑兵的情况在夜间得到了很大的好转,他的病完全好了。按当时的医疗条件来讲,细菌感染(如痢疾、伤寒、肺结核和链球菌感染)是导致人类患病、死亡的主要原因。那时能够治疗感染的抗生素还没有被发明出来,因此,对人们来说,只要能够治疗疾病,什么样的方法都可以接受。痢疾杆菌噬菌体让德赫雷尔产生了这样的想法:培养噬菌体也许能够治疗危险的细菌感染。

从20世纪20年代到30年代,德赫雷尔对噬菌体的医学应用进行了广泛的研究,并引入了利用噬菌体治疗细菌感染的概念。格鲁吉亚和美国都曾大规模地使用过这种疗法。直到20世纪30年代和40年代,人们发现了抗菌药物,才逐渐替代了这种疗法。抗菌药物不仅使用方法简单,而且效果显著,注定会取代噬菌体疗法。尽管如此,但德赫雷尔并没有放弃对噬菌体的研究。噬菌体非常微小,即使是最强大的光学显微镜也无法看到它,但当它捕食细菌时,却显得异常强大。

1926年,德赫雷尔出版了《噬菌体》一书(从现代病毒学发展的角度来看,这本书已经成为历史),并在书中详述了自己的工作以及一些与噬菌体相关的推断。正如我们现在所观察到的,噬菌体的重要性已经超越了德赫雷尔早年的预测。

即使放到现在来讲,德赫雷尔的举措也仍然令人震惊。早在多年前,他就已经清楚地认识到自己所面对的是一个神奇的世界。他认为这些病毒对细菌而言是致命的,同样,这些病毒在与宿主的相互作用过程中也能够达到一定的平衡。德赫雷尔说:"正是由于噬菌体的毒性和细菌的抗性之间达到了某种平衡状态,二者才能混合培养。此时的培养是一种真正的共生关系:寄生与抗感染相持平衡。"这是微生物学史上首次使用"共生"来解释病毒。德赫雷尔在书中有个脚注,他将噬菌体与细菌之间的关系比作共生关系,类似于陆生植物的根与真菌之间的相互作用关系;土壤中的真菌侵入植物根部,形成一种名为"菌根"的共生体,真菌为植物提供与水和矿物质,而植物则通过光合作用为真菌提供能量物质。德赫雷尔认为:"细菌和噬菌体的行为与兰花种子和真菌的行为完全相同。"

现在,许多科学家都认为德赫雷尔是病毒学和分子生物学之父。不然整个病毒学和微生物学领域需要花费很多年的时间,才能重新发现德赫雷尔关于噬菌体共生本质的观点。

— Chapter 4
给孩子接种麻腮风三联疫苗

当孩子出现皮疹或者发热时，父母都会变成热锅上的蚂蚁。高热、咳嗽、呕吐等症状在折磨孩子的同时，也折磨着每位家长的心。当夜幕降临，父母又开始担心孩子的病情是否会在夜间恶化，甚至焦虑得无法入睡。也许不久前，我们的亲人曾在夜间发生过一些不幸的事情，因此我们仍然对夜晚怀有一丝恐惧。随着现代医学的不断发展，人们研制出了抗生素、抗病毒药物和疫苗，它们能为我们的健康保驾护航。但从整个医学和社会的历史长河来讲，这些成果出现得相对较晚。我们应该还记得，在20世纪50年代，即使在发达国家也有很多人死于传染病。

麻疹是一种具有高度传染性的疾病，儿童患者的常见症状是发热。在三联疫苗问世之前，麻疹是常见的儿童病，也是父母焦虑的主要原因之一。然而，令人惊讶的是，麻疹似乎是一种出现相对较晚的疾病。公元5世纪的希波克拉底曾记录过古希腊的常见疾病，主要包括一些可识别的传染病，如病毒性疱疹和原生生物引发的疟疾，然而这位博学的古代权威却没有记录麻疹。麻疹是一种难以忽视的疾病，临床症状为发热和皮疹，具有极强的传染性，在儿童中较为常见。其实，我们还可以从它的名字"measles"中发现一条线索，该词源于盎格鲁－撒克逊语中的"maseles"，意思是"斑点"。有关麻疹的最早描述可以追溯到公元10世纪的波斯医学家拉齐，他引用了公元7世纪的希伯来医学家埃尔·耶胡迪的话，并将此作为这种疾病的首次临床描述。拉齐知道，麻疹是一种儿童疾病，与天花不同。

麻疹的典型症状为高热（患者体温通常超过40℃）、剧烈咳嗽、流鼻涕和结膜发炎。发热两三天后，患者脸颊内侧的黏膜上可以看到白色的小点，外有红色晕圈。这些斑点被称为"科氏斑"，是诊断麻疹的标志。同时，患者的皮肤上开始出现一种扁平的、鲜红的皮疹，而皮疹往往始于面部，然后向全身扩散。这些症状大概要持续7至10天，对于那些身体健康、营养良好的儿童来讲，麻疹可以完全康复。但对于少数营养不良的儿童患者而言，尤其是在卫生设施不发达的国家，麻疹可能会导致严重的并发症。

麻疹和普通感冒一样，都是人类特有的疾病，不过，在实验室条件下，麻疹也可以传染给猴子，这意味着人类是麻疹的自然宿主。麻疹病毒只能在人类之间进行传播，也只能在人体内产生子代病毒。这表明人类和病毒之间的关系真的非常亲密。同时，这也表明人类和麻疹病毒的共生关系已经进化了很久。从共生进化的角度来看，这对双方都有意义。麻疹病毒在生物学划分上属于副黏病毒科的麻疹病毒属。在电子显微镜下，麻疹病毒呈球形，与鼻病毒的外形非常相似，是单链RNA病毒。病毒的基因组包裹在衣壳中，而衣壳外还有一层囊膜；囊膜上面有许多刺突，它们在感染过程中起着关键作用。

麻疹病毒在全球范围内都有分布，具有高度的传染性。不过，它是一种"地方性"传染病，在易感儿童较多的人群中传播。我们将在后文讨论麻疹疫苗时再返回来继续探讨这个问题。麻疹通过飞沫传播，在这一点上与普通感冒非常相似。最初，它的靶细胞是呼吸道的上皮细胞。不过，麻疹病毒与鼻病毒不同，鼻病毒的主要攻击对象是上呼吸道的鼻子和咽喉，而麻疹病毒的主要攻击对象是下呼吸道。不知道为什么，麻疹病毒非常喜欢结膜细胞，因此，常见的临床症状还包括结膜炎。在感染后2至4天，麻疹病毒会在局部区域的靶细胞内繁殖，造成局部炎症，从而引起巨噬细胞（一种白细胞）的注意。通常情况下，巨噬细胞能吞噬不需要的碎片、死亡或患病的细胞以及入侵的寄生生物，该过程被称为吞噬作用。或许我们对病毒及其行为知之甚少，更不幸的是，这些吞噬细胞现在成了麻疹病毒的终极目标。

麻疹病毒劫持了吞噬细胞，并侵入细胞内部进行复制，然后，借助吞噬细胞的运动进入淋巴结，在那里开始第二阶段的复制。此时，麻疹病毒又从淋巴结侵入另一种白细胞中，再次搭上了感染细胞的便车进入血液，从而扩散到机体的每个细胞和每个组织之中，特别是皮肤组织。在这个血液扩散的阶段（又名病毒血症）中，患者将出现典型的皮疹和高热症状。

就像我们在鼻病毒入侵或复制过程中观察到的现象一样，麻疹病毒并不能随心所欲。麻疹病毒复制时所攻击的巨噬细胞就是我们人体免疫系统的第一道防线。巨噬细胞不仅具有吞噬作用，还在我们的固有免疫中发挥着重要的作用。巨噬细胞在触发更强大的适应性免疫上也扮演着关键的角色，通过对病毒囊膜表面抗原的识别，判断病毒是区别于自身的"异己"，再将外来抗原传递给另一种细胞（如淋巴细胞），从而引发特异性免疫的识别过程，产生针对该病毒的抗体。抗体应答将与细胞免疫相结合，所有这些免疫反应最终将联合在一起，消除外来威胁。

多年前，我在就读于谢菲尔德大学时，曾做过一个实验，目的是检测哺乳动物的免疫系统对这种入侵血液的病毒的反应。我的导师是微生物学教授迈克·麦肯特加特，在他的指导下，我将病毒注射到了兔子的血液中，然后观察兔子的免疫系统如何做出反应。实验一开始先使用初始剂量，一周后再换成加强剂量。有些读者朋友可能担心本实验会伤害动物，其实我使用的是一种名为"ΦX174"的噬菌体，这种病毒只攻击大肠杆菌，因此兔子不会生病。不过，兔子是哺乳动物，它们的免疫系统会攻击那些进入血液的外来病毒，并能在体内形成两波抗体，而抗体水平将在第21天达到峰值，此时，一滴已免疫兔子的血清能在短短几分钟内灭活数以十亿计的病毒。这一过程就是兔子的适应性免疫应答。我在其他同学的帮助下，得到了相应的电子显微镜照片。我从照片上看到，抗体分子包裹着注射器状的噬菌体，彼此聚集在一起，很快，它们就会被时刻保持警惕的吞噬细胞清除。

　　我在噬菌体实验中观察到的情况与麻疹患儿体内的情况相似。麻疹病毒进入人体后有1～12天的潜伏期，在此期间，麻疹病毒通过呼吸道的靶细胞进入淋巴结，再进入血液。此时，患者会出现发热、咳嗽、流鼻涕和眼睛发炎等明显症状。在2～3天后，患者的脸颊内侧会出现科氏斑，脸上会出现皮疹；再过1～2天，这些皮疹就会蔓延到全身。然而，具有讽刺意味的是，发热和皮疹等症状都是由于免疫系统对病毒的攻击才形成的。在免疫系统的作用下，大多数患儿会完全康复，随后，免疫系统会记住病毒表面的抗原。当康复者再次面对麻疹病毒时，就能产生相应的抗性。但是，对于少数患儿来讲，这会产生严重的并发症，包括腹泻、肺炎、失明、脑炎等。

在1963年麻疹疫苗问世之前，每隔两三年全球就会经历一次大规模的麻疹疫情暴发，麻疹每年造成约260万人死亡，这一数字大得惊人。虽然我们现在研发出了低成本、高功效的疫苗，但麻疹仍然是造成幼儿死亡的主要原因之一。据世界卫生组织估计，2000年到2016年，大约有2040万人得到了麻疹疫苗的保护；不幸的是，2016年仍有9万人死于这种可预防的传染病。

麻疹曾是一种常见病，但是如今发达国家几乎没有再出现过麻疹。人们通过接种麻腮风三联疫苗完成了这一壮举，而且，许多国家都将接种该疫苗作为一项政策在实施。儿童接种麻腮风三联疫苗后，就能免受三种不同的病毒性疾病的侵害：麻疹、腮腺炎和风疹。不过，由于人们对麻腮风三联疫苗存在一些误解，有些国家对该疫苗的接种存在争议，那些受到误导的父母会拒绝让孩子接种麻腮风三联疫苗。

稍后，我将重新返回这个重要问题，现在我想先讨论一下疫苗中涉及的另外两种病毒。

腮腺炎的英文名"mumps"可能起源于一个古老的单词，意思是"忧郁"——这是个恰当的描述，因为患儿会表现得非常痛苦，并伴有精神萎靡和发热的症状。发病一天后，患儿一侧或两侧脸颊内的腮腺将开始肿痛，这在临床上被称为"腮腺炎"。腮腺炎病毒遍布全球，也属于副黏病毒科。然而与麻疹不同的是，大约在2500年前，希波克拉底就对腮腺炎做过详述。腮腺炎病毒也寄生在人类体内，用共生的说法来讲，人类是其共同进化的伙伴，也是其唯一的自然宿主。腮腺炎病毒主要通过呼吸道传播，也可以通过感染病毒的唾液传播。

值得一提的是，在免疫系统的参与下，腮腺炎症状可以在几天之内得到缓解，因此，患者一般可以完全恢复。一些轻症患者甚至都不知道自己曾被腮腺炎病毒感染过。但是，对于那些在青春期之后才感染腮腺炎的男性患者而言，20%的人将会出现睾丸炎症，临床上称之为"睾丸炎"。在腮腺炎发作4到5天后，患者会出现睾丸炎的症状，表现为局部疼痛或剧痛，并伴随着一侧或双侧睾丸的肿胀。虽然这可能会造成睾丸萎缩，但一般情况下不会造成不育。腮腺炎偶尔也会引起女性卵巢炎，不过，它基本上不会导致胰腺炎。腮腺炎还会引起病毒性脑膜炎（又名无菌性脑膜炎）。与麻疹一样，腮腺炎也可能引起脑炎。在腮腺炎所造成的并发症中,脑膜炎和脑炎是比较严重的症状,患者通常需要住院治疗,有时甚至会不幸死亡。

风疹也被称作"德国麻疹",其实,它并不只是德国的传染病,而是一种全球性的传染病。这种疾病刚好是由18世纪的两位德国医生首次发现的。除此之外,德国与麻疹再没有更多的联系。风疹病毒属于披膜病毒科,它是该科中唯一一种非昆虫叮咬传播的病毒。风疹病毒具有传染性,是一种相对比较温和的病毒,主要感染儿童和年轻人。但是,如果孕早期妇女感染了这种病毒,并且感染发生在胎儿发育的关键时期,那么,它可能会导致胎儿死亡或一系列严重的先天性缺陷,即先天性风疹综合征(CRS)。主要症状包括听力障碍、眼睛和心脏缺陷、自闭症、糖尿病及甲状腺功能障碍等。

风疹、麻疹和腮腺炎都是人类独有的疾病。这意味着人类是这三种病毒的唯一宿主——从共生的角度来讲,它们的唯一合作伙伴就是人类。同时,这也意味着如果人类通过接种疫苗来切断宿主与病毒的共生关系,那么这些疾病就会消失。

英国、美国等发达国家通过预防性接种麻腮风三联疫苗,大大降低了麻疹、腮腺炎和风疹这三种疾病的发病率。最重要的是,考虑到大众对疫苗的误解,我们应该了解疫苗的用途和原理。

为了让儿童远离病毒感染及其并发症，人们研发了疫苗。疫苗使用的是无害的活病毒或已灭活的病毒，甚至只是从病毒上提取出的抗原部分。麻腮风三联疫苗是由减活的麻疹病毒、腮腺炎病毒和风疹病毒组成的，凡在国民接种过该疫苗的国家，这三种病毒性疾病的发病率就会大大降低。但是，有些家长误认为麻腮风三联疫苗会增加儿童罹患自闭症的风险，因此，他们拒绝给自己的孩子接种疫苗。

我们应该听从医生和权威卫生部门的建议，忽略那些错误的、不可靠的信息，否则会造成一些不良后果。近年来，明尼苏达州的索马里裔美国人受到了误导，他们认为疫苗会增加儿童罹患自闭症的风险，于是拒绝给自己的孩子接种麻腮风三联疫苗。后来，明尼苏达大学、美国国立卫生研究院和美国疾病预防控制中心专门进行了一项联合研究，揭开了事实真相——索马里裔美国人的自闭症发病率与那些接种过疫苗的白人的自闭症发病率相同。即便如此，2017年5月，明尼苏达州还是暴发了27年来最严重的麻疹疫情。紧接着，政府官员就建议民众尽快为索马里裔儿童注射加强疫苗。

这种高度危险的儿童传染病不仅在美国复发。2018年5月，据英国《每日电讯》报道，麻疹又在欧洲大陆死灰复燃，比利时、葡萄牙、法国和德国的麻疹病例都有所增加。同样，由于欧洲人偏信了麻腮风三联疫苗与自闭症之间那毫无根据的因果关系，疫苗的接种率才会下降，从而导致欧洲麻疹的发病率从有史以来的最低点翻了两番——2017年到2018年，欧洲出现了2.1万例病例，约有35名患者死亡。英国也发生了同样的问题。多年来，由于人们对麻腮风三联疫苗和自闭症之间的关系存在误解，许多英国青年没有在童年时期接种该疫苗，因此，他们成了这种病毒的易感人群。据《泰晤士报》报道，2018年7月，英国各地的家庭医生都收到了预警，让他们警惕那些从意大利度假归来的家庭，留意这些人中是否会出现这种疾病。当年上半年，仅英国就发现了729例病例，而2017年全年才发现274例病例。

在此，提醒那些对疫苗接种存在顾虑的家长，应该听从家庭医生的科学建议。

一 Chapter 5
细菌和病毒

人们常常容易混淆病毒和细菌。考虑到生态循环是地球生命的核心，如果我们想要理解生态循环中病毒和细菌相互作用的重要性，首先就要认识到它们的差异。哺乳动物结肠中最常见的一类细菌就是大肠杆菌，通常简写为 E. coli。大肠杆菌不仅是实验室里常见的实验菌，也是重要的肠道共生菌；它能够合成维生素K，有助于维生素B_{12}的消化和吸收，同时，还能减少肠道致病菌的入侵。婴儿出生40小时后，大肠杆菌就能通过"手-口"途径定植在肠道内，而传播途径很可能是母亲的爱抚和喂养。当然，我们无须紧张，这只是人类和细菌间的共生关系。

大肠杆菌有很多血清型，大部分血清型都是无害的正常菌群或人体内的共生菌。因此，当皮肤被排泄物污染后只会产生卫生问题，并不会造成恐慌。然而，致病型大肠杆菌却能引起胃肠炎，也能造成食品污染，从而迫使零售店下架相关食品。许多致病型毒株能导致尿路感染，甚至能造成肠坏死、腹膜炎、败血症和溶血性尿毒综合征等致命疾病，不过概率非常低。这些致病血清型非常罕见，因此，在正常情况下，大肠杆菌是人类肠道菌群中的有益菌。

人们能在光学显微镜下观察到大肠杆菌，它们呈单个状态分布，长约2.0微米，状似香肠。大肠杆菌没有细胞核，属于原核生物；原核生物的英文名"prokaryote"源于希腊语，意思是"有核生命出现前的生命形式"。细菌体外有一层细胞膜或细胞壁，其中含有蛋白质抗原，人们可以根据抗原将细菌分成不同的血清型。常见的细菌分类法为革兰氏染色法，在染色的过程中，革兰氏阴性菌细胞壁中的结晶紫会被洗脱掉。同样，细胞壁也能阻止某些抗生素，例如，大肠杆菌对青霉素具有抗性。许多菌株都长有鞭毛，它们会为了寻找营养物质而四处蠕动。大肠杆菌已经完全适应了人类肠道中的厌氧环境，紧紧地附着在肠壁的微绒毛上。当人们排便的时候，大肠杆菌也会被排出体外，即使是暴露在含氧环境下，它们也能存活一段时间。因此，在厨房和食品加工环境中，致病型大肠杆菌会造成食品污染。

人们往往把所有的微生物都看作潜在的病原体。事实上，它们不仅在医学界中扮演着一定的角色，在自然界中也发挥着重要的作用，而微生物学家早就意识到了这一点。例如，对正常生命周期来讲，土壤细菌是必不可少的，因为在它们的参与下，有机物被分解成无机物，然后再被循环利用，从而满足其他生物的基本需求。由此可见，土壤细菌非常重要，如果没有它们，地球上的大多数生命就会消失。这种在生活上彼此依赖的关系就被称为"共生关系"。我们常常把"共生"与"友好"或"团结"混淆在一起，其实，将人类的属性转嫁到这里并不合适。也许，我们应该澄清一下共生的概念。

细菌和病毒并不会思考，也没有感情。它们的行为以及它们与宿主间的关系受到一些偶发事件和进化机制的驱动。共生关系并不是"友好先生"和"友好女士"的握手言和。这种关系是达尔文所说的"生存竞争"。1878年，德国柏林一位名叫安东·德·巴里的植物学教授将共生关系定义为"不同生物生活在一起"。现代解释将他的表述修订为"不同物种的生物在生活上的相互作用"。共生的双方被称为"共生体"，共生的整体被称为"共生功能体"。

共生关系包括：一是寄生关系，即一方或多方在损害另一方利益的情况下获益；二是共栖关系，也称为偏利共生关系，即一方或多方在不损害另一方利益的前提下获益；三是互利共生关系，即在相互作用过程中，两个或多个伙伴都能从这段关系中获益，并不会损害其他伙伴。其实，互利共生关系往往始于寄生关系，而大自然中很多生物关系都介于二者之间。人们对这一问题的定义比较宽泛,因此,我们可以对自然界中微生物及其宿主的多种相互作用关系进行研究。接下来,让我们来比较人体肠道中的大肠杆菌和诺如病毒。

　　诺如病毒是常见的造成胃肠炎的病因,大多数人都熟悉它的症状,比如腹泻、呕吐和胃痉挛等。诺如病毒经"粪-口"途径进行传播,一旦健康人群食用了被污染的食物和水或者直接接触了患者,就会被传染。人类依旧是诺如病毒的唯一宿主,反过来,这也意味着人类是这种病毒的自然宿主。患者在感染后的12～48小时内就会出现症状,通常会伴有低热和头痛。不过,诺如病毒很少会造成像痢疾那样的出血性腹泻,患者几天后就会康复。诺如病毒造成的腹泻属于自限性疾病,当其处于暴发期时,患者的症状就是诊断依据。通常情况下,这种腹泻不需要进行特定治疗,患者可以适当增加水分摄入以避免脱水,并服用一些非特效的退热药和止泻药来帮助治疗。诺如病毒通常不需要进行实验室确认,不过,公共卫生部门有时会通过实验室的确认来密切追踪。对付这种疾病的最好方法就是预防,我们可以勤洗手,并对潜在的污染面进行消毒。据报道,有些含有酒精的洗手液并没有什么杀菌效果。

　　诺如病毒属于人类杯状病毒科。该科的学名"Calicivirus"源于希腊语"calyx",意思是花萼或杯状结构,因病毒的衣壳上有杯状凹陷而得名。目前，诺如病毒无法在普通实验室的培养基上生长。已知的诺如病毒有6个基因群，它们能够感染老鼠、奶牛、猪和人类。对于其中可感染人类的基因型来说，即使是少量的病毒也能导致感染，例如，患者的一勺腹泻物中所包含的病毒就足以让全世界的人被感染。不过，这并不是引起警惕的原因。真正可怕的是，其传染性远超理论推测。在此，我们需要强调一下，当患者症状好转后，他们在几天之内仍然具有传染性。这意味着，当患者感觉痊愈，认为自己可以回归正常的工作和生活时，实际上仍在传播病毒。这可能会造成封闭社区内疫情的暴发，如医院、邮轮、学校和家庭护理中心，因为这些地方配有公共食品准备区和公共用餐区，非常利于病毒传播。虽然这种疾病相对温和，但它极易传播，会导致患者呕吐和腹泻。因此，诺如病毒被归为B类生物战剂病原体。

据估算，全球每年大约有6.85亿人感染诺如病毒，大部分人很快就能完全康复。不过，它在极少数情况下也会造成死亡，全世界每年大约有20万人死于该病。5岁以下儿童是该病的易感人群，而发展中国家的发病率较高，每年大约有5万名儿童死于该病。令人担忧的是，疫情数量自2002年以来直线上升，这也为卫生部门敲响了警钟，如果他们再不提高警惕，诺如病毒将可能演变成具有高度传染性的毒株，从而导致一种危险的"新型感染"。

诺如病毒呈球状,直径在20~40纳米之间。这意味着从大小上来看,诺如病毒大约是大肠杆菌的1/100~1/50。与细菌相比,病毒没有细胞壁。我们在电子显微镜下可以看到,诺如病毒的衣壳是二十面体,衣壳将病毒的RNA包裹起来,起到保护作用。相比之下,大肠杆菌和所有细菌乃至所有细胞形式的生命一样,其基因由DNA组成。

如果我们将细菌和病毒的基因组做个对比,就会发现细菌和病毒在结构和组织层面上存在巨大差异。大肠杆菌的基因组盘绕成一个长的单股环状DNA,附着在细菌的细胞壁内部。该基因组大约包含4288个蛋白质编码基因以及其他涉及基因表达的编码序列。对细菌来讲,基因组包含所有的遗传信息,能够确保大肠杆菌内部代谢(包括生理功能和生化反应)的正常运转。同时,基因组还有一个关键功能,那就是产生子代细菌。

与细菌的基因组相比,诺如病毒的基因组非常简单。病毒基因组的线性RNA两端有一个调控区域,共能编码8种蛋白质,其中2种是病毒的衣壳蛋白,剩下的6种与病毒的复制有关。细菌和病毒之间的关键不同点在于,细菌拥有自我复制所需的代谢途径,而病毒只能通过宿主细胞的遗传和生化特性来完成子代病毒的复制。诺如病毒就是利用人类靶细胞的遗传和生化特性来完成复制过程的。

诺如病毒能够编码一种特异性的侵袭蛋白——蛋白质毒力因子（VF1）。该毒力因子在感染过程中会定位到宿主细胞的线粒体上，抵制机体对病毒的固有免疫应答。虽然有些病毒能够与宿主实现共栖关系，甚至是互利共生关系，但对于诺如病毒来讲，这几乎是不可能的，它们与人类是单纯的寄生关系。诺如病毒与细菌不同，它们没有代谢基因，因此就没有代谢途径。病毒基因组会利用宿主的生理代谢和遗传途径，甚至利用人类的运动轨迹和生活方式来实现自我复制及传播。

现在我们知道，病毒既不是液体，也不是毒药。它们是遵循各种共生关系的有机体，通常情况下，每种病毒都有其特定的宿主，其中少部分病毒的宿主恰好是人类。它们在大小、基因组结构和生命周期模式上与细菌完全不同。其实，大多数病毒都没有自己的代谢途径，但这并不意味着病毒不需要进行代谢。相反，病毒会利用宿主的代谢途径。这就是为什么我们在研究病毒时要把它们与宿主放在一起。病毒在宿主体外是没有生物活性的，但这并不意味着它们是无机物。

病毒在离开宿主的靶细胞后就会进入类似休眠的状态。在这一阶段，它们的传播方式有多种，比如患者咳嗽、打喷嚏时产生的气溶胶，患者的粪便、性分泌物，以及第二载体（如蜇人的昆虫或患狂犬病的狗）等。以植物病毒为例，它们通过风、水或其他传播途径来寻找新宿主。只有当病毒与新宿主建立了专性共生关系时，我们才能看到病毒表现出遗传和生化方面的活性特征。

诺如病毒也不例外。因此，当特定的病毒与人类宿主相互作用时，不同基因型的病毒会与宿主的特定膜蛋白（表现为ABO血型的蛋白质）产生亲和性。在随后的感染过程中，这些蛋白质"受体"将会与病毒衣壳上的两种蛋白质之一结合。当病毒进入肠道后，它们会待在小肠或空肠里。其实，我们并不完全清楚病毒是如何穿透肠壁的，它们似乎会先感染肠壁中的免疫淋巴滤泡（又名派伊尔结），同时寻找一种被称为"h细胞"的肠道细胞。当病毒穿过肠壁后，它们会被肠道的固有免疫系统识别，不过，这对病毒而言也许正中下怀，因为这些免疫细胞可能就是它们的靶细胞。但是，无论靶细胞是什么，我们都可以预料到以下的过程：病毒会接管靶细胞的遗传和代谢途径，从而开始一个新的感染复制循环。

由于缺乏合适的组织培养物或动物模型来研究诺如病毒，因此，我们无法知道诺如病毒究竟是如何造成患者呕吐和腹泻的，而这些症状恰恰造成了病毒的全球传播。目前，我们还没有能够预防这种疾病的疫苗，但在我写这本书的时候，研究人员正在对一种口服疫苗进行临床试验。让我们一起祈祷这种疫苗能早日研制成功吧！

— Chapter 6
巧合的瘫痪

1921年夏天，39岁的富兰克林·德拉诺·罗斯福从芬迪湾的游艇上落水。芬迪湾是个美丽而寒冷的海湾，位于加拿大东部的新不伦瑞克省和新斯科舍省之间。第二天，他的背部就开始疼痛；随着时间的推移，他的双腿越来越虚弱；后来，他已经不能站立。其实，罗斯福得了脊髓灰质炎，这种病当时也被称为小儿麻痹症。脊髓灰质炎是由脊髓灰质炎病毒引起的。由于时代的局限性，那时的医生对脊髓灰质炎病毒了解有限。但他们可能知道，罗斯福感染这种病毒的具体原因并不是因为落水——脊髓灰质炎病毒的唯一传染源就是患者。当然，人类依然是这种病毒的自然宿主。此外，这种疾病的历史非常悠久。

古埃及法老时期的医师就对脊髓灰质炎非常熟悉，因为古埃及陵墓的壁画上准确地绘有该病患者。虽然这么多年过去了，但是情况依然和1921年一样——人们一旦被脊髓灰质炎病毒感染了，就没有治愈的希望。幸运的是，罗斯福具有非凡的生命力和勇气，战胜了疾病带来的瘫痪。他成功地克服了这些障碍，当选为美国第32任总统，并最终成为美国历史上首位连任四届的总统。

病毒与人类所认知的规则和观念并不相符，往往会出乎意料。例如，我们所说的肠道病毒（一类在肠道内复制的病毒）并不会造成胃肠炎。其实，能够造成胃肠炎的病毒有很多，它们属于不同的科属，其中包括人类杯状病毒科的诺如病毒以及呼肠孤病毒科的轮状病毒。轮状病毒能够使两岁以下的婴幼儿出现呕吐、腹泻和发热等症状。其他相似的病毒还有腺病毒、冠状病毒和星状病毒。有时我们会拿胃肠炎开玩笑，不过，这种病对任何人来说都很让人苦恼。而且，在那些卫生条件较差、水源易受污染的不发达国家，胃肠炎是造成儿童死亡的最常见原因之一。该病通过"粪-口"途径进行传播。

肠道病毒也通过"粪-口"途径进行传播，并在肠道内进行复制，但它们不会造成典型的胃肠炎症状，如发热、呕吐和腹泻等。相反，它们会导致一些更加难以预测的复杂疾病，能够影响各个器官和组织，如大脑（脑膜）、心脏、骨骼肌、皮肤、黏膜和胰腺等。脊髓灰质炎病毒是一种最常见的肠道病毒，属于小RNA病毒科的肠道病毒属，根据衣壳蛋白的不同可以分为三种血清型。前面我们曾经介绍过，鼻病毒也属于小RNA病毒科。因为肠道病毒能够抗酸，所以它们能够穿过胃，抵达下消化道进行复制。恩德斯、韦勒和罗宾斯发现了脊髓灰质炎病毒，这是人类发现的第一个肠道病毒，因此，他们在1954年获得了诺贝尔奖。

毫无疑问，人类是脊髓灰质炎病毒的唯一宿主。该病毒直径为18～30纳米。我们在电子显微镜下可以观察到，病毒衣壳呈二十面体，里面包裹着结构相对简单的RNA。脊髓灰质炎病毒到达小肠后，会与咽部淋巴组织和肠道淋巴滤泡上的特异性受体相结合。此时的病毒会侵入细胞内部，接管细胞遗传物质的复制过程，并将细胞转化为子代病毒的制造工厂。当感染的细胞破裂，子代病毒就会被释放出来，然后再次侵入邻近细胞。上述过程周而复始。

这听起来似乎有点可怕，并且具有致死的可能性。实际上，被脊髓灰质炎病毒感染的大部分患者都没有任何生病迹象，或者只有轻微的腹泻症状。但是，感染者的粪便中充满了脊髓灰质炎病毒，而病毒可以通过"粪-口"途径继续传播。脊髓灰质炎以流行病的形式在人群中传播，但大部分感染者并不知道自己接触过这种病毒。极少数病毒会进入脊髓前角灰质的运动神经细胞，造成细胞死亡，从而引起瘫痪，比如我们在罗斯福身上看到的情况。奇怪的是，神经细胞的感染似乎并不能加速病毒的传播和进化。其实，多数由脊髓灰质炎引发的并发症看起来都像是个巧合。

脊髓灰质炎病毒感染的潜伏期通常为1～2个星期，少数患者的感染症状包括轻度不适、发热和喉咙痛等。这表明病毒进入了血液，不过，患者在这种情况下是不需要进行治疗的。只有在极少数情况下，脊髓灰质炎病毒才会引起重症。重症的早期表现包括突发性头痛、发热、呕吐等，一些患者可能还会伴有颈部僵硬症状（脑膜炎的典型症状）。即便如此，大部分有症状的患者都会康复，只有极少数患者会留下瘫痪后遗症。

麻痹性脊髓灰质炎的英文名"poliomyelitis"起源于希腊语的"polios"和"muelos"，意思分别是"灰色"和"骨髓"。脊髓灰质炎病毒能够破坏脊髓前角灰质的运动神经细胞，从而在人体四肢和躯干的肌肉里广泛存在。患者在两三天内就会失去肌肉的神经调节功能，出现松软性麻痹的症状，这会给那些患儿带来肢体生长发育的继发性影响。当脑部的运动神经和延髓的呼吸、循环中枢受到损害时，就会引起延髓型脊髓灰质炎，出现咽麻痹及呼吸困难等症状。在脊髓灰质炎疫苗尚未问世之前，患者需要依靠"铁肺"（一种人工呼吸器）来维持生命。

目前，人们并不清楚究竟是什么原因造成了包括瘫痪在内的重症型脊髓灰质炎。有证据表明，脊髓灰质炎病毒侵入中枢神经系统后不一定会造成临床症状。此外，其他的肠道病毒也可能侵入中枢神经系统，从而引发疾病。然而，人们并不清楚这究竟是遗传因素还是偶然因素所致。我们曾在古埃及法老陵墓的壁画上看到了瘫痪的儿童和不良于行的患者。当历史的长河进入19世纪后期的工业化时代时，欧洲和美国的一些气候较冷的地区首次暴发了这种疾病，直到那时，欧洲的医生们才开始逐渐了解这种古老而又易于辨认的疾病。

使用口服减毒活疫苗的计划取得了巨大成功，发达国家基本上已经消除了脊髓灰质炎。2018年，根据全球根除脊髓灰质炎行动的数据，该病目前仅在三个国家流行：阿富汗、尼日利亚和巴基斯坦。但考虑到现代交通和旅游业的迅猛发展，在完全根除这一疾病之前，我们还不能掉以轻心。

尽管目前全球范围内的脊髓灰质炎已经得到了控制，但脊髓灰质炎病毒并不是唯一一种感染人类的肠道病毒。小RNA病毒科的其他病毒也常常在发达国家出现，比如那些症状可疑、临床病程不可预测的病毒。在这些病毒中，最出名的可能就是柯萨奇B型病毒，这种病毒有时会引发流行性胸膜炎的症状。人们在丹麦岛首次发现了该病，并以当地的地名将其命名为"博恩霍尔姆病"。最初,人们认为该病是由胸壁肋间肌发炎造成的。博恩霍尔姆病又被称为"恶魔之爪",往往突然发作并伴有堪比心脏病的剧痛。柯萨奇B型病毒偶尔也会导致脑炎,具体表现为肌痛性脑脊髓炎(又名英国皇家自由病,因最初发现该病的伦敦教学医院而得名)。该病毒也会造成心肌炎,同时伴有心包炎,这种组合症状在儿童和成人患者中非常常见,有时甚至会威胁患者的生命。其他肠道病毒(如艾柯病毒、肠道病毒70型和71型)也会引起胸部感染以及各种类型的肌炎、脑膜炎和脑炎,因此,医生很难诊断出患者所感染的病毒类型。

　　病毒与疾病的关系非常令人费解。自从人类发现病毒以来,我们就开始揣测它们的进化目的。当面对病毒带来的感染、生命威胁及诸多不快时,我们想知道这种行为究竟能为病毒自身带来什么好处。脊髓灰质炎患者中会有极少数的重症患者,这似乎是个偶然事件。不过,其他病毒也会席卷人类,带来可怕的疾病,甚至导致极高的死亡率。这种现象令人感到费解。对病毒来讲,它们的目的就是存活和自我复制,而宿主的死亡肯定会威胁到病毒的生命。当我们从医学的角度来看待这个问题时,就想知道为什么部分病毒会有这么高的致死率。

一 Chapter 7
致命的病毒

　　《圣经·启示录》中的末日四骑士在揭开七印时,分别骑着红色、白色、黑色和灰色的马。神学家对这些骑士的解释略有争议,但四骑士中总有一个代表灾疫——在现代术语中也被称为瘟疫。虽然大部分由病毒引起的儿童感染都是自限性的,但有些病毒的确非常可怕,它们具有极高的致死率,并且会给患者带来极大的痛苦。追溯历史的长河,有两种瘟疫堪称"世界末日":一种是细菌性瘟疫黑死病,如中世纪的黑死病;另一种是病毒性瘟疫天花。早在远古时期,这两种疾病就已经开始折磨人类,并在历史记载和坟墓遗存中留下了可怕的证据。

　　黑死病是一种细菌性疾病,患者的皮肤会出现不断溃烂的肿块,其腹股沟或腋窝的淋巴结也会因化脓而肿胀,该病因此而得名。造成黑死病的致病菌是鼠疫杆菌,而鼠蚤叮咬则是主要的传播途径。虽然,人们普遍认为黑死病已经消失了,但实际上，美国、南美洲、亚洲和非洲的部分农村地区仍有一些症状较轻的黑死病在流行。

天花是一种病毒性疾病，患者皮肤上会长出大量的脓疱，当脓疱愈合后会留下深圆形的疤痕，状如"麻子"，该病因此而得名。令人欣慰的是，人类已经彻底根除了天花。天花病毒属于痘病毒科，分为大天花病毒和小天花病毒。人们感染的病毒不同，临床症状也不尽相同。该科的病毒能够感染多种动物，但只有三种病毒可以感染人类：两种天花病毒和传染性软疣，后者能在儿童皮肤上形成小水疱。现在，我们先来讨论天花病毒，它有很多独有的特征。

人类是天花病毒的唯一宿主。该病毒外观呈砖形，尺寸相对较大，长为302～350纳米，宽为244～270纳米。在人类尚未发现巨型病毒之前，痘病毒是所有病毒中最大的病毒，通过高倍光学显微镜就能看到细胞质中微小的包涵体（细胞被病毒感染后所形成的斑块状结构）。这表明，我们所面对的是一个相对比较复杂的病毒。天花病毒是一种DNA病毒，基因组很大。它与其他病毒并不相同，能够制造自己的信使RNA，而信使RNA又能制造病毒蛋白。同时，天花病毒还能自己编码酶和转录因子，从而控制宿主细胞质中子代病毒的生产。

天花病毒的传染性极强，以吸入飞沫的途径进行传播。同时，该病毒也能通过接触传播，比如接触患者皮肤上的疱疹或被污染的衣服、床单、餐具和灰尘等。病毒在进入易感人群的喉部和肺部后，就会穿透上皮细胞，此时，人类免疫系统的第一道防线——巨噬细胞就会发现它们。虽然这一阶段的感染是无症状的，但天花病毒正悄悄地向其终极目标迈进。大概在感染后的第三天，巨噬细胞内的"病毒工厂"就会转移到淋巴管和局部淋巴结，此时，病毒就能扩散到网状内皮系统的其他关键部位，特别是骨髓、脾脏和血液。这会引发机体对病毒的大规模免疫反应，产生细胞毒性T细胞和干扰素。但是，通过历史记载和坟墓遗留的证据来看，大多数患者的免疫反应都以失败告终。患者的症状始于喉部剧痛，与此同时，病毒还会通过血液到达皮肤，并在面部和四肢上长出水疱。由于病毒直接侵入皮肤，因此产生的水疱里面布满了病毒。

从历史上来看，大约在1万年前，非洲东北部的农业聚居地首次暴发了天花，并通过古埃及的贸易运输传播到了印度。天花曾在这些质朴的人群中广泛传播，很难想象当时的人们对此抱有何种看法。人们肯定只有一些应对传染的简单方法，并且极有可能将这种疾病归咎于某种神秘力量。我们在古埃及木乃伊的皮肤上发现了天花留下的麻点，比如死于公元前1156年的古埃及法老拉美西斯五世。

天花，也被称为"小麻子"，是16世纪和17世纪才开始使用的临床术语，与1英寸（约2.5厘米）以上的"大麻子"不同。医学历史学家认为，"大麻子"属于特殊的三期梅毒症状。三期梅毒是一种从美洲输入欧洲的细菌性瘟疫。而天花属于病毒性瘟疫，在公元5世纪到7世纪之间传入欧洲，曾在中世纪期间多次流行，是一种持续性的传染病。据估算，到了18世纪晚期，每年大约有40万欧洲人因此丧生，天花所造成的影响波及社会的各个层面，先后影响5位欧洲君主，并造成三分之一的患者失明。从16世纪到17世纪，天花在西班牙人征服南美洲的阿兹特克人和印加人的过程中也发挥了至关重要的作用。此外，它可能是欧亚大陆冒险家与土著民族所患的主要疾病。

直到现在，我们仍然无法想象一场大规模的瘟疫给一个"原始"群体带来的恐惧。以天花为例，他们肯定很快就意识到了瘟疫的暴发，惊慌失措的人们开始出现高热、皮疹的症状，而重症患者的皮肤会像被开水烫过一样布满水疱。这种疾病具有极高的致死率，最严重时可达90%。它像一个闯入人间的恶魔，夺走了他们的家庭、村庄和城镇。

但是，天花并不意味着一定会死亡。虽然我们不能确定天花在美洲各地的实际致死率，但是就目前所知，一些疫情重灾区的致死率高达60%～90%，而疫情较轻地区的致死率则为

30%～35%。实际上,疫情较轻地区的致死率与同时期大天花病毒在欧亚人群中的致死率相近,这表明该病毒已在这些地区流行。与此同时,美洲的小天花病毒所造成的症状相对较轻,致死率约为1%。不过,虽然天花是历史上最致命的瘟疫,但它也是第一个被疫苗征服的。大部分的读者可能都知道,英国医生爱德华·詹纳是牛痘疫苗接种的推广者,此后又过了一个多世纪,人类才意识到病毒的存在。

那时的科技并不发达,人们会听信一些偏方来预防或治疗疾病。17世纪时,英国有一位名叫西德纳姆的杰出医生,他在治疗天花患者时对其提出了以下要求:不能在房间里生火,保持开窗通风,被子不能盖过腰,每24小时喝12瓶淡啤酒。当然,啤酒可能会缓解患者的痛苦,也许还能改善冬季治疗时所带来的低温不适感。众所周知,幸存下来的天花患者会对天花病毒产生永久的免疫性。在詹纳还没有发明种痘的方法之前,非洲、印度和中国流传着一种危险的治疗方法,人们用刀划开患者的成熟脓疱,然后再接种给没有免疫力的人。

詹纳曾在无意间听到一个奶场女工说:"我永远不会得天花,因为我得过牛痘。"牛痘是一种发生在牛身上的传染病,症状相对较轻,其学名"vaccinia"来自拉丁语中的"vacca",意思是"母牛"。1796年,詹纳做了一个著名的实验,他将一个奶场女工手上的牛痘脓疱接种给一个8岁的男孩儿。当男孩儿产生免疫力后,詹纳便再给他接种天花。谢天谢地,这个男孩儿在接种天花前获得了免疫。尽管詹纳的对手并不重视他的发现,但很快,人们就开始通过接种牛痘来预防天花。至今,我们仍然沿用着詹纳的术语:疫苗接种。

当我还是个孩子的时候,人们就在强制性地接种天花疫苗。至今,我的左大臂上仍然留有一个直径半英寸(约1.3厘米)的不规则椭圆形疤痕。而现在的孩子不再需要接种天花疫苗,因为在世界卫生组织的赞助下,美国医生唐纳德·安斯利·亨德森领导了一项为期十年的国际天花疫苗接种计划,使得天花被根除。1979年,在确定根除天花后,停种政策正式实施。

毋庸置疑,根除天花是人类的一项伟大壮举。然而,具有讽刺意味的是,天花的根除使得现代人更容易受到攻击,部分居心叵测之人可能会利用生物工程技术来设计天花病毒,从而达到尽可能高的致死率。当那些从未接种过疫苗的人直面这种致命病毒时,他们的体内就无法建立起防御体系。因此,直到现在,天花病毒仍被列为A类生物战剂病原体。遵照国际条约,人们在根除天花后将天花病毒保存在了两个高度安全的实验室——美国亚特兰大的疾病预防控制中心和俄罗斯莫斯科的相关机构。这两个机构可以对天花病毒进行一些研究，用以反对生物战争（包括来自恐怖组织的袭击和国家之间的冲突）。我们相信，如果爆发生物战，这两个官方批准的生物安全实验室能够迅速地研制出疫苗，而且，我们将会以最快的速度在全球范围内推广这种新疫苗。

那么，为什么有些病毒的杀伤力还会这么强大呢？

人类拥有知识、教育、道德和自我意识，这赋予了我们前瞻性，从而使我们能够对生存环境进行多方面的控制。然而，病毒缺乏这种自我意识、道德和前瞻性，完全被"生存和复制"这个明确的目标所掌控。但是，病毒能够非常高效地实现这一目标，因此，我们完全不能低估它们。当病毒进入机体后，为了战胜人类的免疫系统，它们会进化出一些相关机制，而病毒的致死性可能与此相关。美国疾病预防控制中心储存着天花病毒，研究人员针对大天花病毒在战胜人类机体免疫时所使用的具体方式展开了实验，为我们提供了一个重要线索。

大天花病毒在进入人体组织后，会引起固有免疫应答，这是机体抵御外来入侵者的第一道防线。在这一过程中，病毒会刺激受感染的细胞产生I型干扰素，然后这些干扰素会参与其他的免疫防御，最终消灭病毒。美国疾病预防控制中心的科学家发现，侵入机体的大天花病毒会产生一种能与I型干扰素相结合的蛋白质，而这种蛋白质会使I型干扰素失去活性。这是病毒的一种策略，与我们之前在诸如病毒感染中所看到的毒力因子一样。换言之，大天花病毒的基因组携带有编码毒力因子的基因，因此，大天花病毒所造成的感染更重。干扰素结合蛋白的发现有助于相关部门研发新疫苗，改进抗病毒治疗，同时，这也适用于其他相关病毒的研究，如导致人类毒性感染的猴痘病毒。

毒力是一个临床术语，用来表示病原体致病能力的强弱。对病毒而言，这是病毒感染性与宿主抵抗力和易感性相互作用的结果。过去，医生把这种相互作用比作土壤与种子之间的战争——我们是土壤，微生物是种子。现在我们知道，这些毒力因子是天花致死率较高的一个重要因素。事实上，通过天花病毒和诺如病毒我们可以推断，很多病毒在感染过程中可能都存在毒力因子。考虑到每种病毒与宿主的作用方式都是不同的，我们必须详细地检查每种特定病毒及其与人类宿主的关系才能得出结论。

临床毒力是指用最严格的标准来衡量某种特定病毒感染的致死率，也是用来衡量疫苗有效性的参数。很多疫苗（如麻腮风三联疫苗）都是"减毒"的活疫苗，在给未免疫的人群接种时并不会引起临床症状或感染迹象。与此同时，疫苗可诱导机体对同一病毒的强毒株产生抗性,从而降低接种者患病或死亡的风险。

　　尽管毒力因子在病毒感染过程中发挥着重要作用,但这并不是对生物多样性范围内病毒与宿主相互作用复杂性的唯一解释。为了更全面地理解这一点,我们需要考虑在大自然的激烈竞争下,病毒和宿主之间的相互作用。

Chapter 8 —

席卷全美的瘟疫

　　我们要再次提醒诸位，病毒没有自我意识——它们的行为完全没有计划性。它们没有道德感、触觉、听觉和视觉……只有当病毒的衣壳蛋白与宿主细胞上的受体相识别时，它们才会具有最原始的触觉或味觉。它们的目的非常简单：活着进入宿主体内。它们会使用各种方法进入呼吸道、消化道和生殖道，或者利用外部手段穿透动物的皮毛、人类的皮肤和植物的表皮，比如蚊虫叮咬。当病毒进入宿主机体后，就会受到宿主体内多种免疫防御系统的攻击，此时，它们要么主动寻找靶细胞，要么暴露自己等着被靶细胞发现。当病毒发现靶细胞（有时是多种靶细胞）后，靶细胞就成了它们的自然生态环境。

　　现在，病毒脱去了衣壳，将基因注入靶细胞，它们在宿主的细胞质或细胞核中表现得异常活跃，并开始抢夺细胞中与基因复制相关的控制权。在此，我们还需要提醒自己，病毒无论是作为病原体还是作为共生进化体都非常强大，真正的原因在于它们与宿主基因组的相互作用能力。在病毒的复制周期中，它们通过控制宿主的遗传功能来实现自我复制，然后释放出大量的子代病毒，继而再次入侵别的靶细胞。病毒的唯一目标就是"繁殖"，同时，这也是地球上每个生物最原始的目标：为生存而战，在残酷的大自然中实现种族的自我延续。这是我在1994年访问美国西南部的高危传染病现场时形成的对病毒的看法。

一年前，一种当时未知的病毒出现在了美国的新墨西哥州、亚利桑那州、犹他州和科罗拉多州，给当地民众带来了恐慌。指示病例发生在纳瓦霍族保留区，但人们很快就发现这种新出现的病毒与纳瓦霍人无关，而是与居住地有关（疫情集中在农村地区）。在疫情暴发6个星期后，美国疾病预防控制中心的分子遗传学专家发现，这种病毒属于汉坦病毒。他们对该病毒进行了分离培养，发现它是一种新的汉坦病毒，并将其命名为辛诺柏病毒（这个名字的意思为无名氏）。汉坦病毒是RNA病毒，属于布尼亚病毒科，该科还包括其他人类病原体，比如，加利福尼亚脑炎病毒、裂谷热病毒、奥罗普什病毒、肾综合征出血热病毒和克里米亚-刚果出血热病毒。

在《病毒X》一书中，我曾讨论过这四个地方（新墨西哥州、亚利桑那州、犹他州和科罗拉多州），并分析了这种病毒的暴发环境和进化行为。我想就一些棘手问题寻找相关答案。例如，这些病毒究竟从何而来？它们到底有多危险？它们的致命性为什么会这么强？我们应该如何保护自己？

辛诺柏病毒仍在当地流行，并且极具侵略性。美国阿尔伯克基市教学医院强化治疗室和呼吸内科的顾问都很友善，不仅允许我采访他们，还允许我与重症监护病房、康复病房和随访门诊的一些患者进行交谈。这给我带来了很大的启发，至今，我仍然感谢我的同事、患者和他们的家人。在此，我将介绍一位名为玛丽安娜的患者和她的母亲乔安妮。玛丽安娜是一个21岁的姑娘，身材苗条，有一头利落的金色短发。当我们见面时，她穿着一套牛仔服，里面是一件蓝色T恤，裤子有些褪色。当我们交谈时，她那略显紧张的姿势和不安的眼神透露出她曾与死神擦肩而过。一开始，她的回答略显犹豫，但后来，她带着令人愉快的西部口音回答得越来越流畅。

"这件事教会了我很多东西，"她有点害羞地说，"所以，我希望我的故事也能帮助到更多的人。"

乔安妮和玛丽安娜的家位于一个小镇，就在著名的66号州际公路旁（这条公路穿过上文提及的4个州）。两个月前，也就是5月23日，玛丽安娜突然开始发热。乔安妮是一位资深的护士,她认为玛丽安娜只不过是得了轻微的流感,于是给她服用了泰诺和阿司匹林。过了一会儿,玛丽安娜开始感到恶心,于是,她便躺在沙发上休息。就这样过了两天,玛丽安娜发起了高热,并伴有肌肉剧痛。"我的肩膀、大腿、小腿和后背都在隐隐作痛,一动就疼。"第二天,乔安妮就去60英里(约97公里)外的养老院工作了。当乔安妮打电话回家询问玛丽安娜的病情时,这位母亲对女儿的情况感到十分害怕。此时的玛丽安娜已经呼吸困难,几乎不能说话,而且,她的喉咙里不断地发出咔嗒咔嗒的声音,体温也飙升到了39℃。惊慌失措的乔安妮马上给玛丽安娜的祖母打了电话,让她带着玛丽安娜去当地医院。

乔安妮的心里始终萦绕着一种挥之不去的恐惧,于是沿着40号州际公路匆匆赶回了家。她一路上都在祈祷:"希望玛丽安娜没有感染汉坦病毒!"

当乔安妮匆匆赶到医院看到玛丽安娜时,她吓了一跳。玛丽安娜此时已经喘不过气来了。她的嘴唇是紫色的,指甲床是蓝色的,嘴巴周围还有一个青紫色的圈,皮肤已经变成灰色,就像石板一样。乔安妮精心照料着时常呕吐和腹泻的玛丽安娜。乔安妮告诉医务人员自己怀疑玛丽安娜感染了汉坦病毒,但是他们却不以为然。平心而论,这种怀疑很正常。那时汉坦病毒已经引起了人们的恐慌，只不过当地大多数医院很少有汉坦病毒患者。相反，医务人员认为玛丽安娜只是患有普通的胃肠炎。因此，他们通过静脉输液来改善她的脱水症状。

但是乔安妮知道，这种方法不能治愈她的女儿。她觉得玛丽安娜就要消失在自己的眼前了。

随着时间的流逝，这位资深的护士、绝望的母亲发现，在拯救女儿的这场战役中，自己陷入了孤军奋战的境地。她变得歇斯底里，对着医务人员又吼又叫。然后，她把家庭医生叫了过来。家庭医生看了一眼玛丽安娜，随即就叫来了救护直升机，把她送到了70英里（约110公里）外的阿尔伯克基大学医院。一路上，玛丽安娜都处于昏迷状态。接待玛丽安娜的护士仍然清楚地记得，玛丽安娜在到达医院时大喊道："我要淹死了，我要淹死了！"辛诺柏病毒能够引起心肺衰竭，使患者出现"心肺综合征"；受到感染的肺部会充满液体，最终患者会"淹死"在自己的肺部分泌物中。玛丽安娜所描述的正是她肺部的感觉。

现在，玛丽安娜已经转到了重症病房，由一个专业的医护团队负责她的治疗，而这个团队去年就曾参与过对抗汉坦病毒的战斗。玛丽安娜的胸片结果显示，她的肺部已经完全变白。他们通过呼吸机来维持她的呼吸。当时，玛丽安娜的心率显示异常,并且这种情况持续了很多天都没有得到改善。医生想给她安装人工膜肺(体外膜氧合器),这种仪器类似于心脏手术时使用的心肺体外循环设备。乔安妮签署了必要的协议,以便在需要的时候为她的女儿提供人工膜肺。时间一分一秒地过去了,玛丽安娜的部分内脏器官开始衰竭。她的情况逐步恶化,出现了危险的胰腺炎症状(一种腹部消化腺炎症);她的肝脏也开始衰竭;骨髓的减少使她体内出现了贫血;她的血压疯狂地波动,一会儿上升到很高水平,一会儿又下降到很低水平。每种并发症都需要进一步的紧急治疗。

四天来,乔安妮始终没有离开女儿的病床,即使睡觉的时候也不会离开。"我站在那里,看着显示屏——我虽然能完全看懂它,但不知道该做什么。我感到非常无助。以前我曾看过室性早搏的心电图,就是怦、怦、怦。然后我想,就是这样……我们不会活着走出去了,因为这就是室性早搏。"

经过四天的严峻考验,在重症病房医护人员的不懈努力下,玛丽安娜的情况表现出了些许好转,她开始排出大量的液体。现在,她的母亲终于可以放心地回家休息了。玛丽安娜带了两个半星期的呼吸机,而且出于镇静目的,她只能被绑在床上,唯一能看的地方就是天花板。后来,乔安妮把玛丽安娜11个月大的儿子的照片贴在了天花板上,这样,玛丽安娜一醒来就能看到这张照片。某天凌晨一点半，玛丽安娜把自己的双手从束缚中抽了出来。几天后，这对心性坚定、勇敢机智的母女平安回家。至此，玛丽安娜的病终于治好。

汉坦病毒在稳定下来之前，也曾在美国这四个州以外的其他州传播。该病毒来自美国的一种常见野生老鼠——鹿鼠，但它却不会给这个宿主带来什么明显的疾病。病毒学家认为，鹿鼠是该病毒的自然宿主。很明显，像玛丽安娜这样的人可能是在偶然间接触到了鹿鼠的尿液、唾液或粪便，从而感染上了这种病毒。但这并不代表乔安妮一家不讲卫生，这只是意味着她们生活在农村，有更大的可能性接触到野生老鼠。

那么，为什么这种流行病会在1993年暴发呢？

当地生物学家、啮齿动物专家鲍勃·帕门特多年来一直在研究当地的生态环境及鹿鼠。他在接受当地媒体采访时表示："很难相信，这么可爱的小动物会造成这么大的麻烦。"鹿鼠有着黄褐色的皮毛、大大的耳朵、乌黑发亮的眼睛、令人好奇的圆鼻子和黑胡须，看起来就像是从比阿特丽克斯·波特创作的插画故事里走出来的小动物，似乎并不会对人类造成威胁。但是，帕门特等动物学家知道，鹿鼠的生命力极其顽强。1980年5月18日，圣海伦斯火山爆发，导致火山周围的环境都受到了破坏。后来，帕门特研究了该地区的生态恢复，发现灾后土地

上的首批定居动物竟然是鹿鼠,这引起了他的兴趣。鹿鼠的生
命力很顽强:它们从不冬眠,什么都吃,能够克服生存上的重重
困难,而且具有极强的繁殖力。雌鼠一年能产5窝幼崽,哺育
上一窝的时候就能再次怀孕。

帕门特知道,鹿鼠轻而易举地就能记住环境中角角落落的
小路,包括人类的家,甚至是汽车的通风系统。他发现,在传
染病暴发前的几个月,鹿鼠的数量在激增,一些地区甚至增加
到了原来的30倍。这似乎是个偶然现象,但当这片区域既是鹿
鼠数量的激增区,又是致命病毒的暴发区时,情况就不一样了。
二者之间可能存在一定的关系。那么,为什么当时的鹿鼠数量
会激增呢?

新墨西哥州在遭受了7年干旱后,又经历了厄尔尼诺气
候,这造成了两个暖冬,使得当年的雨雪比往年要多。从帕门
特的数据可以看出,在这种环境下,松果获得了大丰收,昆虫的
数量也增加了不少,比如鹿鼠最喜欢吃的蚱蜢。同时,食物来
源的增加使得鹿鼠的数量激增。而人类和鹿鼠又共用同一个
生态系统,因此,上述情况很可能就会引发传染病的流行。

截至2017年1月,美国36个州都曾发生过小规模的汉坦
病毒暴发,共有728个病例,主要集中在密西西比河以西。医
学上将这种暴发称为"地方病",与"流行病"相区别。但非常

庆幸的是,辛诺柏病毒不能跨物种传播,不能将人类变成它的新宿主。科学家一直在寻找这个问题的答案:为什么它们不能跨物种传播呢?

造成这一现象的具体原因有多种。啮齿动物生活在不卫生的地下洞穴,它们的幼崽肯定会受到分泌物和排泄物的污染。然而,现代人却很讲卫生——家里用真空吸尘器打扫,有冲水马桶,饭前便后洗手。不过,虽然我们很讲卫生,但其他病毒造成的流行病还是会在我们之间蔓延。也许,我们应该更深入地了解一下,当人类感染汉坦病毒后会发生什么,比如玛丽安娜的例子。

众所周知,汉坦病毒的潜伏期很长。汉坦病毒肺综合征的早期症状与流感症状相似,比如肌肉疼痛、发热和乏力。当人类感染汉坦病毒后,有2～3个星期的潜伏期,这与流感病毒迅速发病的特性不同。汉坦病毒的靶器官是肺、脾和胆囊,它们能在里面进行复制。当患者出现感染症状4～10天后,才会出现相应的肺部症状,比如玛丽安娜的呼吸困难。汉坦病毒肺综合征所造成的症状主要集中在肺部,受到感染的肺部会流出大量的水肿液,使得患者在自己的分泌物中窒息。这表明,汉坦病毒有可能通过咳嗽在人与人之间进行传播。如果这个假设是真的,那么,汉坦病毒就会像我们在流感中所看到的那样,通过最致命的传播方式进行传播——气溶胶。汉坦病毒还试图进入人类肺泡的毛细血管，所幸的是，它们无法穿过那层只有几个细胞厚的膜。对人类来讲，这真是不幸中的万幸。

那么，现在我们需要回答另一个问题：为什么人类如此幸运？

首先，汉坦病毒还没有进化到可以感染人类的地步，也不能在人与人之间进行传播。汉坦病毒是一种啮齿动物病毒。人类并不是它的自然宿主。这种病毒通过偶然的机会转移到了新的宿主上，进一步引发了人类的疾病和死亡，而这些人之前并没有接触过这种病毒。

我曾与那些研究汉坦病毒的生物学家、医生和其他科学家一起工作，并学到了一些关于病毒的重要知识。其实，这些知识给我带来了很大的启发，甚至改变了我的职业生涯。那时，我和大多数医生持有相同的观点：病毒不过是一种基因寄生生物，只能给人类带来疾病。1994年，我采访了另一位参与汉坦病毒研究的资深生物学家——新墨西哥大学的动物学教授特里·耶茨。他告诉我，每种啮齿动物都有一种相对应的汉坦病毒，二者能共同进化。这令我感到吃惊。

我想知道共同进化意味着什么。

耶茨教授给我举了鸭嘴兽的例子。鸭嘴兽是一种会下蛋的有袋动物,但耶茨教授让我将它假设成一种啮齿动物。于是,我们所要面临的问题就是如何确定它在啮齿动物进化树上的位置。

我疑惑地往后靠了靠。

他向我解释道,如果我能给他提供与鸭嘴兽对应的汉坦病毒的RNA基因组,他就能准确地找出这种病毒在汉坦病毒进化树上的位置。接下来,如果他将汉塔病毒的进化树和啮齿动物的进化树相叠加,就能找出鸭嘴兽的确切位置。

"这两个进化树完全平行吗?"

"是的。"

"怎么会这样呢?"

"它们是共同进化的。"

这似乎表明,汉坦病毒的进化史和啮齿动物的进化史之间有着紧密的联系。于是,我又思考了一会儿。一开始,我打算在阿尔伯克基生物博物馆的办公室里对耶茨教授采访一个小时,但实际的采访时间却延长到了几天。在此期间,他还热情地邀请我去他家,并把我介绍给他的家人和同事。我陪他前往塞维利亚自然保护区,那里是研究鹿鼠的地方,耶茨、帕门特等一代代动物学家已经在此研究了一个多世纪,他们收集了大量的标本,并将其陈列在大学博物馆内。对生物学家来讲,他们现在可以利用这些标本来研究相对应的病毒。

那段时间，我与耶茨教授及他的同事进行了多次交谈，深入了解了病毒与啮齿动物之间的共同进化关系。然后，我提出了一个重要的问题：

"从进化的角度来看，汉坦病毒和啮齿动物是否会影响彼此的进化？如果是这样的话，那是否意味着它们之间存在共生关系？"

他看着我，耸了耸肩。

我们都知道病毒不会思考，进化决定了它们的行为。在我看来，耶茨教授所说的病毒和宿主之间的共同进化，似乎就是汉坦病毒和啮齿动物的一种共生模式。回家后，我找出了所有与病毒共生相关的文献，进行了一番仔细的研究。我能找到的信息很少，当时也没有找到德赫雷尔的观点。然而，我发现昆虫学家用"共生"一词来描述寄生蜂与多分DNA病毒之间的关系。几年后，个别科学家提出了逆转录病毒的共生关系，也就是人类免疫缺陷病毒的共生关系。但在我看来，人们从没有正式定义过病毒共生的概念，更不用说系统地研究。不过，科学概念正是这样发展起来的。

在普通生物学中，共生的概念非常常见，只不过关于病毒共生的参考资料非常少。美国科学家琳·马古利斯教授就是研究进化动态中共生关系的专家。我还发现，当时的洛克菲勒大学校长、诺贝尔奖得主乔舒亚·莱德伯格曾用这个词形容过细菌和噬菌体的关系。于是，我给他写了一封信，表示自己想要对他进行采访，他爽快地答应了。在采访的过程中，他确信细菌和噬菌体之间存在共生关系。但是，当我问他是否遇到过病毒与植物或动物之间的共生案例时，他回答道："我不知道任何案例，但我认为，探索这一关系应该会很有趣。"他建议我去采访马古利斯教授——她曾教授遗传学。

我接受了他的建议，开始在科学文献中寻找病毒共生的案例。与此同时，我还联系到了马古利斯教授，希望能对她在生活和工作中遇到的共生关系进行采访，她慷慨地答应了我的请求。最终，我们成了朋友。我读过许多她写的书，发现她在理解共生关系方面很有想法，无论是对共生关系本身的见解，还是将其作为一种进化动力的分析。但她并不了解病毒。我曾在1997年出版了《病毒X》一书，详细介绍了我对汉坦病毒的初步研究成果，以及我对病毒共生进化的初步探索。而且，我还提出了一个新的共生概念，那就是将共生关系看作病毒的一种进化策略。其实，病毒的攻击性或致命性都是它们与宿主之间共生作用的一部分。

在我看来，如果病毒改变后的遗传基因有利于宿主生存，那么，这个改变将会作为一种进化被宿主保留下来。为了进一步探讨病毒的共生关系和共生起源，我又与另一位杰出的同人取得了联系，他就是全球公认的病毒进化学专家路易斯·维拉里尔教授。我在电话中对他进行了详细采访。虽然我们从不同的角度来探讨这个问题——我从共生的角度来讨论，他从经典的达尔文角度来讨论——但得出的结论却非常相似。通过采访交流，马古利斯教授成了我的导师，让我认识到共生关系是一种进化力量，同样，维拉里尔教授也成了我的导师，让我认识到病毒在生命进化中的重要作用。由于我认识到了病毒具有"积极共生"的潜力，因此，他接受了我的病毒共生观点。

现在我发现，这种积极共生的模式不仅出现在人类与辛诺柏病毒之间，还出现在人类与其他新发病毒之间，如人类免疫缺陷病毒、非典病毒、埃博拉病毒和禽流感病毒。这些病毒对人类具有很强的攻击性，但对它们的动物宿主却没有明显的攻击性。从医学的角度来讲，这没什么意义；但从人类进化的角度来讲，这非常有意义。这个现象改变了我对病毒的看法。虽然它并没有改变这样一个事实——医生在面对病毒性疾病时首先会设法阻断病毒的传播，但是这也提醒我们应该用更广阔的视野去看待病毒在自然界中发挥的作用。

Chapter 9 —
病毒中的潜伏者

单纯疱疹病毒能够引起唇疱疹，其学名 "herpes simplex" 来源于希腊语 "herpeton"，意思是蛇、蜥蜴等爬行动物。希波克拉底时期的希腊人认为，口腔和生殖器周围蔓延的水疱与性冲动有关，因此，那时的医生将疱疹与爬行动物联系在了一起。莎士比亚也知道该病给生殖器带来的痛苦，比如，他在《罗密欧与朱丽叶》一书中描述了春梦婆的惩罚："经过女士们的嘴唇时，她们就会在梦里跟人家接吻，但是，春梦婆讨厌她们嘴里的糖果气息，常常罚她们嘴里长满水疱。"

疱疹病毒科是一个较大的家族，又分为三个亚科，共有130多种不同的病毒，能够感染哺乳动物、鸟类、鱼类、爬行动物、两栖动物和软体动物。疱疹病毒的基因组是双链DNA，这一点与大肠杆菌和人类相同。但是，就基因组的大小而言，它的尺寸要远小于细菌，更远小于人类。典型的疱疹病毒有一层囊膜,直径在120～200纳米之间,比小RNA病毒大很多。疱疹病毒由核衣壳和囊膜组成:衣壳包裹在DNA外部,呈二十面体结构,由162个壳微粒组成;囊膜包裹在最外层,由宿主脂质和病毒蛋白组成。即便如此,疱疹病毒也比细菌小很多,而且缺乏细菌的细胞特性。

人类细胞比细菌大很多,而细菌又比大多数病毒大很多,这是掌握它们之间差异的最好方法。当我们仔细观察遗传物质时就会发现,细菌的基因组是一条环状双链DNA分子,而人类的基因组则由46条染色体构成,每条染色体都由一条DNA双链组成。实际上,每条染色体都是一条特别长的分子。我曾在《人类基因组的秘密》一书中用46条不同的轨道来比喻染色体,轨道上的蒸汽火车可以从起点开到终点,整个旅程非常有趣,还有不同的站点。

其实,疱疹病毒的基因组与细菌的基因组不同,前者更像人类的染色体,由一条紧紧缠在一起的双链DNA组成,被包裹在衣壳里。疱疹病毒的基因组能够编码100多种蛋白质,大部分的蛋白质都是酶,包括在宿主细胞核中负责病毒复制的DNA聚合酶。医生利用病毒的另一种酶——胸苷激酶来治疗疱疹病毒,这种酶可以激活一些抗病毒药物。

能引起人类疾病的疱疹病毒大约有9种。其中,大家最熟悉的就是单纯疱疹病毒，它能引起唇疱疹和其他皮疹。人类是单纯疱疹病毒的自然宿主，而且二者之间已经形成了一种积极共生关系。唇疱疹是由单纯疱疹病毒1型和2型引起的，同时它们还会引起全身症状。一般情况下，单纯疱疹病毒1型较易感染上半身，而单纯疱疹病毒2型则较易感染生殖器，但这并不是绝对的。不同类型的疱疹病毒之间不会产生免疫交叉保护，因此，患者在感染了一种疱疹病毒后，也有可能感染其他疱疹病毒。

那么，感染单纯疱疹病毒的患者会发生什么呢？

当单纯疱疹病毒感染口腔或生殖器时，病毒会先与皮肤或黏膜细胞的细胞膜结合，然后发生膜融合。这使单纯疱疹病毒能够顺利地进入细胞内部或细胞质，此时，它们会脱去囊膜，然后向细胞核进发。当单纯疱疹病毒基因进入细胞核后，就开始发挥作用，尤其是利用DNA聚合酶来进行自我复制；与此同时，病毒的"信使RNA"也开始转录，最终被翻译成病毒的结构蛋白，如衣壳蛋白。简言之，病毒会接管细胞中的相关遗传和生化途径，从而将细胞转变成子代病毒的生产工厂。最终，被感染的细胞会死亡，破裂的细胞会释放出子代病毒，而这些子代病毒将继续感染其他的宿主细胞，循环往复。

原发性感染是指个体首次感染单纯疱疹病毒1型或2型。

这个过程往往发生在婴幼儿时期，当婴幼儿与之前感染过该病毒的人亲密接触时，比如亲吻，就会被传染。一般情况下，这种原发性感染几乎没有明显的症状，但偶尔也会给人带来不适，比如发热，以及嘴唇、牙龈和口腔黏膜起疱，当水疱破裂后就会形成溃疡。柯萨奇B型病毒的水疱会出现在硬腭和咽喉后部，而单纯疱疹病毒的水疱则会出现在口腔前部。

如果我们观察水疱内的液体就会发现，大部分细胞处于膨胀和脱膜的过程中，而其他细胞则处于破裂或融合成多核巨细胞的过程中。此时，机体已经做好了防御准备，在免疫细胞的帮助下快速合成免疫球蛋白M，随后，功能更强大、作用时间更持久的免疫球蛋白G也会登场。随着这场微型战争的不断推进，水疱变成了脓疱，最终，免疫系统取得了胜利，病毒被全部歼灭。幸运的是，单纯疱疹病毒不会像天花那样留下疤痕，不过，那些频繁复发的患者偶尔会留下疤痕。

大多数原发性单纯疱疹病毒患者的发热和皮疹症状都是自限性的，机体的免疫系统能够控制病情，并且两周内就能痊愈。

到目前为止，人们还没有研发出针对单纯疱疹病毒1型和2型的疫苗。但是，阿昔洛韦等抗病毒药物能够治疗原发性病例和复发性病例。医生会用静脉注射的方法来治疗重症患者，但这种药物常见的使用方法是口服或局部涂抹。虽然疱疹能够进行药物治疗,但病毒往往不会消失,甚至能够终生潜伏在患者体内。因此,在未来的岁月里,疱疹可能会再次复发,重现在口腔周围并伴随着瘙痒等症状。此时的水疱在几天之内就会结痂愈合。随着时间的推移,其复发频率会越来越低,最终可能完全停止。

生殖器疱疹会影响女性的阴唇、外阴和会阴,或男性的阴茎,正如莎士比亚笔下春梦婆的惩罚一样,它是通过性行为进行传播的。皮疹会蔓延到大腿内侧上部,有时也会到达女性的子宫颈和男同性恋的肛周。大腿上部区域的淋巴结可能会肿胀、变软,皮肤表面长出疱疹,同时伴有发热症状,男同性恋患者还可能会引发病毒性脑膜炎。虽然我们很了解感染源,也能够通过避孕套来预防感染,但是性传播感染者的数量仍在增加。这种疾病会给患者带来焦虑和情绪困扰,从而引发社会动荡。现在,患者往往会在社交媒体上寻找发泄渠道,他们在那里找到支持者和安慰者,得到有用的建议。

生殖器疱疹和口腔疱疹一样,病毒在症状消失后仍会继续留在患者体内,因此,原发性感染后就会出现复发性感染,不过,复发的症状通常并不严重。我们也许会问:为什么病毒会一次次地席卷而来?我们的免疫系统不是已经识别出了它们,并对其进行了消灭吗?

想要知道具体的原因,我们就要仔细分析病毒和人类宿主之间的首次交锋。虽然感染的症状看起来仅仅分布在口腔或生殖器处,但事实上,单纯疱疹病毒和大多数病毒一样,已经侵入了局部淋巴结,并进入了血液。借助血液循环,单纯疱疹病毒只有在极为罕见的情况下才会引起脑膜炎,甚至引发更为罕见的脑炎。这种严重的并发症会在那些免疫功能低下的人群里发生,重症患者需要住院治疗。

但是,我们并没有解释,为什么患者在第一次治愈后还会出现复发的情况。

单纯疱疹病毒在经历了更深层次的传播阶段后,它们会通过感觉神经纤维到达类似于分发中心的"感觉神经节",并长期潜伏在神经细胞内。目前,人们尚未完全了解单纯疱疹病毒成功潜伏的机制。多年后,患者可能会在一些未知刺激的作用下再次复发,比如,晒伤造成的局部皮炎,甚至是身体或精神打击——但凡能暂时削弱局部免疫防御的因素都有可能激活这些病毒。它们会沿着同一神经区域向下入侵皮肤,使我们的嘴巴和私处重现水疱。

究竟从什么时候开始"痘感染"不再只是由痘病毒引起的呢? 答案就是感染儿童的水痘。其实,水痘既不是由痘病毒引起的，也与鸡无关（水痘的英文名"chickenpox"包含痘病毒的英文名"pox"和鸡的英文名"chicken"）。除此之外，以前的人们还将水痘误认为轻症天花。确切来说，水痘是由另一种疱疹病毒引起的，这种疱疹病毒被称为水痘-带状疱疹病毒（VZV）。

人类依旧是水痘-带状疱疹病毒的自然宿主。水痘的学名"varicella"源于拉丁语，意思是"类似于天花的痘"。水痘-带状疱疹病毒通过呼吸道传播，传染性很强。它能够导致两种截然不同的疾病：一种是儿童身上的水痘，伴有发热和皮疹症状；另一种是成人身上的带状疱疹，伴有剧烈疼痛症状。

皮疹是水痘的明显症状，初时呈扁平红斑状，后续演变为肿块和水疱，而面部和躯干上的水疱颜色比四肢更艳丽。患者会伴有轻微的发热症状，并且在水疱结痂之前，皮疹可能会复发，最终，痂会在愈合的过程中自然脱落。只有在极少数情况下，水疱才可能感染细菌导致继发性感染，比如在白血病患儿身上造成致命的肺炎或脑炎。幸运的是，绝大多数水痘患者都会完全康复，并且不留任何疤痕。

水痘-带状疱疹病毒和其他疱疹病毒一样具有潜伏性，可以在人体内隐藏几十年，然后以另一种方式再次出现。因此，病毒的名字里会有"带状疱疹"一词。它和单纯疱疹病毒一样，能够潜伏在感觉神经节中。不过，单纯疱疹病毒往往只潜伏在面部和生殖器的感觉神经节中，而水痘－带状疱疹病毒则通过血液传播，分散在全身各处的感觉神经节中。于是，当患者的抵抗力下降时，水痘－带状疱疹病毒就会以带状疱疹的形式重新席卷患者的脸部和胸腹部，并伴随着剧痛。躯干上的带状疱疹会沿着感觉神经呈束状分布，这就是它被称为带状疱疹的原因。

综上所述，我们可以推断，带状疱疹患者之前肯定得过水痘。而且，带状疱疹的水疱中含有该病毒。在此，我们提醒患者不要把病毒传染给儿童以及那些未被水痘感染过的成年人。

截至目前，我们已经讨论了两种最常见、最熟悉的疱疹病毒，虽然它们具有潜伏性，但其感染行为却是可以预测的。而其他疱疹病毒的行为却很难预测。例如，巨细胞病毒（CMV）就是一种疱疹病毒，也是西方国家最常见的病毒之一，但读者朋友可能对此并不太熟悉。顾名思义，巨细胞病毒会引起细胞膨胀，原因是被感染的细胞内有大量的非自然包涵体。该病毒的表现无法预测，因为它在每个阶段的表现形式都不相同，并且可以感染从婴儿到老人的各个年龄段人群。

巨细胞病毒的临床表现相对较少。但是，如果孕妇感染了巨细胞病毒，就会通过胎盘将病毒传染给胎儿，造成新生儿重病甚至是死亡。由于母乳中的抗体太少,不能保护婴儿,因此,病毒也能通过母乳喂养进行传播。奇怪的是,婴儿期或儿童期的感染有时是无症状的,但这并不意味着巨细胞病毒已经从体内消失——它具有疱疹病毒特有的潜伏性。当携带者进入青春期后,潜伏已久的病毒才可能发作,引起乏力、发热、肝功能损伤等症状。事实上,它的表现形式类似于"传染性单核细胞增多症",而这种症状通常与人类疱疹病毒4型(EBV)有关。巨细胞病毒和人类疱疹病毒4型都可以通过接吻和性行为进行传播。传染性单核细胞增多症又被称为腺热,多发于年轻人,伴有脾肿大症状,其外周血涂片的淋巴细胞异常。

在西方国家,巨细胞病毒感染的发病率比我们想象中的要高。相关报道令人惊讶,50%~80%的美国人在40岁的时候感染了巨细胞病毒。但是,一旦人们感染了这种具有潜伏性的病毒,它将永远不会离开人体。值得注意的是,大多数巨细胞病毒的携带者不会表现出任何症状。如果我们把巨细胞病毒、单纯疱疹病毒和水痘-带状疱疹病毒放在一起,就会发现它们在人体生态环境中都会失控。但是,巨细胞病毒并不温和,它与其他疱疹病毒一样,会给那些免疫力低下的人群带来严重的疾病,比如,婴儿、老人以及患有其他疾病或正在进行肿瘤治疗的人群。

我们必须重申，病毒的能力或许会让我们大吃一惊。巨细胞病毒能在这么多人的体内生存，却几乎不会引起什么疾病，这表明它可能是我们的共生伙伴。其实，相关证据表明，巨细胞病毒有时也能给人类带来好处。巨细胞病毒会在人体骨髓的髓样部分休眠。这些骨髓细胞在我们的正常免疫防御中发挥着至关重要的作用。当其他感染源侵入机体、进入血液时，存在于骨髓细胞中的巨细胞病毒能够增强我们的免疫反应。包括逆转录病毒在内的其他病毒也具有这种"内源性病毒"保护作用，后文我们将对此进行详细介绍。实际上，潜伏者有时也可能是具有互惠潜力的共生者。

病毒进化学专家已经为我们引入了一个研究病毒的新术语——病毒圈，现在，我们该好好地介绍一下这个术语了。

病毒圈的观点认为，生命自诞生起就存在于无形的病毒生态圈中，并深受其影响。这一观点相对新颖，与以往人们对病毒的看法截然不同，肯定会引起一些人的质疑。但是，来自病毒宏基因组学的证据支持这个看法。病毒宏基因组学是目前发展最快的研究领域之一，我们将在后续的章节中对此进行详细探讨。同时，我们也应该提醒自己，病毒这个共生体需要用"侵略性"来形容。我们应该将疱疹病毒可以永久居住在人体内的奇怪行为与病毒圈联系起来，同时将病毒与地球上的生命联系起来,进行更深入的探讨。

人类疱疹病毒4型恰巧也是一种疱疹病毒,但它比家族中的其他成员更危险。1958年,爱尔兰外科医生丹尼斯·帕森斯·伯基特写了一篇关于非洲儿童恶性肿瘤的论文,该病盛行于疟疾高发区。几年后,伯基特在伦敦某家医院做了一次有关这种疾病的讲座,并在演讲中展示了患者的照片——患者的下巴肿得很厉害,并伴有肿瘤浸润。考虑到恶性肿瘤在疟疾高发区盛行的特点,伯基特猜测,这种疾病可能是由一种以蚊子为媒介的病毒引起的。当时在座的听众中有一位名叫迈克尔·安东尼·爱泼斯坦的病理学家,他对电子显微镜很感兴趣。

爱泼斯坦及其同事伯特·阿雄、伊冯·巴尔随后证实,这种癌症确实是由一种新发现的疱疹病毒引起的,不过,蚊子并不是传播媒介。现在我们知道,这种病毒就是人类疱疹病毒4型,又名爱泼斯坦-巴尔病毒。费城儿童医院的维尔纳和格特鲁德·亨利接手了含有该病毒的细胞株,并用血清来检测患者体内的病毒。1967年,他们实验室的一名技术人员不幸患上了腺热,出现了典型的传染性单核细胞增多症。由此亨利确定,导致非洲儿童罹患癌症的病毒正是造成实验室人员罹患腺热的罪魁祸首。第二年,他们进行了深入的研究,发现了一些重要信息。B淋巴细胞被人类疱疹病毒4型感染后会获得永生。这是对病毒能力的开创性发现：病毒能够改变细胞发育的命运。癌细胞也能以类似的方式获得永生。

即使是现在，人类也没能完全了解人类疱疹病毒4型。但是，我们对它的了解已经比以前多得多。我们知道它属于疱疹病毒，是一种"感染"人类的最常见病毒。在此，我为感染一词加上了引号，因为相关发现对我们所说的病毒与宿主之间相互作用的本质提出了质疑。现在我们知道，引起传染性单核细胞增多症的常见病因就是人类疱疹病毒4型，伯基特淋巴瘤也是由它引起的。这种病毒可能还与霍奇金淋巴瘤、胃癌、鼻咽癌有关，甚至与艾滋病感染的相关疾病有关，比如毛状白斑、中枢神经系统淋巴瘤等。据权威机构统计，人类疱疹病毒4型每年直接或间接引起约20万人罹患癌症。

一些研究人员认为，人类疱疹病毒4型的感染会加大自身免疫性疾病的风险，比如皮肌炎、系统性红斑狼疮、类风湿性关节炎、干燥综合征和多发性硬化症等。虽然这个陈述有些枯燥，但是人类疱疹病毒4型的靶细胞是机体免疫的关键细胞——B淋巴细胞，而且人类疱疹病毒4型的感染率非常高。在美国，它能感染约50%的5岁儿童和约90%的成年人。也许，人类疱疹病毒4型并不像看起来那么枯燥。它与巨细胞病毒一样，有着极高的感染率，只有当我们能够毫无疑问地证明自己的观点、解释具体的发病机制时，才能确定病因。

  人类疱疹病毒4型拥有典型的疱疹病毒结构。外覆囊膜，呈二十面体对称，直径为120～180纳米。该病毒是双链DNA病毒，能够编码85个基因。病毒表面是糖蛋白，能够识别靶细胞膜表面的特定蛋白质并与之相互作用。

  当人类疱疹病毒4型处于暴发期时，人们早晚都会接触到它。大部分的儿童患者几乎没有任何症状。患者的年龄似乎是预测症状的一个重要因素，或许能给我们传递一些病毒与人类相互作用的信息。如果感染发生在青春期，那么，35%～50%的患者会出现典型的腺热症状。人类疱疹病毒4型与巨细胞病毒类似，都具有隐形感染的特点，病毒会间歇性地从携带者的喉部细胞中扩散出来。青少年中有很多病毒携带者，而这种病毒会进入唾液，再通过接吻传给新宿主。因此，大部分患者都是青少年和年轻人。

  人类疱疹病毒4型首先入侵的是宿主喉黏膜的上皮细胞，当病毒的囊膜与宿主的细胞膜融合后，它的基因组就能到达细胞核。此时，人类疱疹病毒4型与其他疱疹病毒一样，先是接管细胞核，然后操控细胞生产子代病毒。不过，之后的过程就不同了。释放出的子代病毒会引起B淋巴细胞的注意，此时就进入了感染的第二阶段。病毒以B淋巴细胞为靶细胞，侵入细胞内部并劫持其基因复制过程。现在，B淋巴细胞可能面临两种结果：一种是所谓的裂解模式，即破裂的细胞释放出子代病毒，最终造成病毒在血液中传播；另一种是病毒会进入潜伏期，并不操控B淋巴细胞产生子代病毒。人类疱疹病毒4型的基因组呈环状，停留在B淋巴细胞的细胞核内，也被称为"附加体"，在随后的细胞分裂过程中随着细胞DNA的复制而复制。在这里，我们再次发现了潜在的互惠行为：这种潜伏有助于人类抵御未来同一病毒的再次感染。

腺热的潜伏期可以达到一个月甚至更长。通常情况下，这种疾病的症状为发热、喉咙痛及下颌角周围淋巴结肿大。当病毒进入血液后，患者体内的其他系统性防御开始进行反击，此时可能会出现肝损伤和脾肿大（医生可以通过腹部指检发现）。我们对患者的外周血液进行检查时会发现，白细胞水平显著升高，尤其是淋巴细胞。因此，该病也被称为"传染性单核细胞增多症"。一些患者在这一阶段出现了暂时性的皮疹，但这种严重的并发症非常少见，比如格林-巴利综合征，其临床表现是周围神经损伤、瘫痪以及罕见的脾脏破裂。幸运的是，大多数患者会在3~4个星期内完全康复。

病毒非常奇怪和神秘。我们并不清楚为什么人类疱疹病毒4型在西方世界表现友善，却给非洲的年轻人带来肿瘤，给中国的南方人带来上皮细胞癌。个中缘由究竟是不同人群组织相容性基因的微小变异，还是不同毒株之间的差异呢？伯基特淋巴瘤的潜伏期似乎也与此有关。令人惊奇的是，疗效很好的抗肿瘤药物（如环磷酰胺）能够完全治愈伯基特淋巴瘤。我们应该感谢这一事实：人类疱疹病毒4型侵入人体后，会潜伏在B淋巴细胞中，保护携带者不会再次感染。

— Chapter 10

大流行的威胁：流感和新型冠状病毒肺炎

　　1918年秋天，欧洲、美洲和部分亚洲地区暴发了大流感，疫情无异于给这些当时仍在遭受一战折磨的大陆雪上加霜。这虽然是一场全球性流感，但曾被称为"西班牙流感"，因为英国、德国、美国和法国为了保持军队和民众的士气，极力隐瞒了流感的死亡率，而西班牙媒体则无视这种审查制度，如实地进行了报道。

　　其实，我们还应该补充一个事实：当时的人们还不知道DNA，也没有发明出电子显微镜，因此当时的医学界对流感病毒知之甚少。由于相关知识的匮乏，人们在遏制流感传播方面制定了错误的基本方针，从当时的照片来看，开放的病房里住满了生病的士兵，他们床挨着床，没有任何隔离措施，而且患者和医护人员连基本的口罩都没有。

无论什么时候，流感都会让人感到不开心。士兵们本应在战场上冲锋陷阵，却患上了致命的流行病，对他们来讲，这肯定是个极端考验。默兹－阿尔贡战役是西线战场上一场决定性的战役，也是美国军事史上规模最大的一场前线战役，约有120万人参战。其中至少有2.6万名美军士兵为国捐躯，因此这也是美国军事史上死亡人数最多的战役。不幸的是，1918年大流感的暴发席卷了美国陆军的营地，夺走了约4.5万名士兵的生命。因此，韦弗和范伯根曾说："这两者之间，究竟哪个才应该被视为'美国最致命的战役'呢？"现在历史学家认为，1918年大流感是史上最致命的流感，全球约有5亿人被感染，约有2000万到5000万人因此而丧生。

1979年，一架商用喷气式飞机上暴发了一场小型流感，它向我们证明了流感病毒的传染性。这架飞机在美国阿拉斯加州的跑道上延误了3个小时，上面载有54名乘客，在此期间，飞机上的通风系统并没有打开。恰巧有一名乘客得了流感。几天后，72%的乘客都被病毒感染。

大部分人都曾遭遇过季节性流感病毒的袭击，但这并不致命。我指的并不是那种人们在宿醉后常说的"有点感冒"。你一定不会忘记真正的流感在头两三天的症状，那时病毒正在你的血液中增殖。你还记得那种似乎濒临死亡的感觉吗？或许你的伴侣会认为你的描述过于夸大其词,但是,当他或她也感染了病毒并经历了同样的过程后,就会对此感同身受。你当时的感受可能和1918年大流感患者的感受一样。不同之处在于,你的病情会有所好转,而许多1918年大流感患者的结局则是不幸的。至此,我们发现了一个重要问题:为什么我们能够活下来,而当时数百万的患者却死于类似的病毒感染呢?

也许,我们应该用更科学的语言来重述这个问题:为什么"普通"流感病毒会有如此可怕的毒性呢?为了得到问题的答案,我们首先应该了解一下流感的历史和病毒的作用机理。

让我们从"流感"一词的来源说起。它的学名"influenza"与单词"influence"的拼写方法类似,这绝非偶然。其实,二者都源于同一个拉丁词根"influentia",该词根反映了中世纪时期迷信的人们将流行病归为邪祟作恶或神秘力量。时至今日,身处科技发达时代的我们不仅要摒弃那些迷信思想,从解剖学、生理学和遗传学的方向来研究流感的病因——流感病毒,而且还要客观地看待流感病毒的进化方式,完善它们与人类宿主之间的复制共生循环。

流感病毒属于正黏病毒科,该科包括7个属,均为RNA病毒。其中有4个属能够引起流感,它们分别是甲(A)型、乙(B)型、丙(C)型和丁(D)型流感病毒。前3个属的病毒能感染脊椎动物，如鸟类、猪、狗和海豹，而丁型流感病毒仅能感染猪和牛。其中，人类只会感染甲型和乙型流感病毒。流感病毒呈球形，直径为100～200纳米。表层覆有囊膜，主要成分为脂质，囊膜上有数百个刺突。这些刺突由两种不同的蛋白质构成：一种是H蛋白（血凝素），另一种是N蛋白（神经氨酸酶），它们能够识别宿主靶细胞并与之结合。一旦刺突蛋白发生突变，就会形成新的流感病毒。人类免疫系统把H蛋白和N蛋白当作外来抗原，并产生相应的抗体来消灭它们。例如，甲型流感病毒的H蛋白和N蛋白就有许多亚型。我们可以用术语来表示，比如，H2N28病毒是指囊膜上携带有H蛋白2型和N蛋白28型的流感病毒。病毒在复制过程中出现了基因突变，从而产生了新亚型或新毒株。如果突变后的病毒传染性更强，更有利于传播和复制，那么自然选择将会"积极地选择"这种亚型。在自然选择的作用下，进化产生的新亚型或新毒株会引发新的流感。

例如，H1N1病毒造成了1918年大流感，曾被称为"西班牙流感"；H2N2病毒造成了1957年大流感，曾被称为"亚洲流感"；H3N2病毒造成了1968年大流感，曾被称为"香港流感"；新型H1N1病毒造成了2009年大流感，曾被称为"猪流感"；H7N9病毒造成了2013年大流感，曾被称为"禽流感"。因此，即使我们之前曾患过流感，或者接种过相应的疫苗，当冬季再出现新毒株时，也有可能再次患病。一位权威专家曾说："流感病毒是世界公共卫生领域所要面对的一个反复无常的劲敌，而造成这一特性的原因正是它的遗传特点。"

然而，大流感的情况要更加严重。虽然大流感的危险系数很高，但值得庆幸的是，它的发病率远低于季节性流感。暴发的大流感有助于我们了解那些隐藏起来的进化机制。大流感并不是由刺突的H蛋白、N蛋白突变引起的，而是由一种更强大的进化机制造成的。例如，当两种不同的流感病毒在猪身上同时出现时，它们可以通过基因交换来产生一种新的杂交病毒。这种强大的进化机制被称为"重组"。人流感的病原体仅限于甲型流感病毒属。而且，由于新病毒在这种机制下产生，人类针对新病毒产生的免疫力远没有针对季节性流感产生的免疫力强。在这种情况下，极强的传染性与全新的病毒结合在一起，产生了一种极具破坏性的毒株——超级病毒。

那么，我们是否能像消灭天花那样通过一些特殊的疫苗接种项目来根除流感呢？我认为这是不可能实现的，虽然疫苗的预防性越来越好，抗病毒药物的疗效也越来越好，但人类还是不可能彻底根除流感。因为人类是天花病毒的唯一宿主，所以天花才会被根除。但是，人类并不是流感病毒的唯一宿主。流感病毒的自然宿主是水禽，而野鸭等水禽携带有大约14种不同的H抗原。我认为，水禽的自然基因库中已经包含了许多新的流感病毒毒株。所有的流感病毒都会在这些水禽的消化道中进行复制，然后被排泄到它们栖息的水生环境中。例如，科学家在冬季时曾采集过加拿大境内五大湖的水环境样本，经检测后发现，里面含有大量不同类群的流感病毒。科学家检查了这些流感病毒和它们的自然宿主（水禽）后发现，流感病毒并不会给水禽带来明显的疾病。这与我们在其他病毒和自然宿主身上观察到的结果一致。

几年前，我曾拜访过时任美国疾病预防控制中心流感部门主任的南希·考克斯，并与她一起讨论了未来大流感的流行风险。她说："眼下的形势非常严峻，不仅人群缺乏免疫力，而且毒株还在不断地变迁。"

考克斯博士办公室的墙上挂着一幅世界地图，上面标记着传播等值线和各色图钉。她和全球的流感专家一样，试图预测出新一轮大流感暴发的时间和地点。她认为只有了解过去才能预知未来。因此，那些研究大流感的专家在了解毒株的行为和跟踪它们的进化历程上花费了大量的时间和精力。

　　墙的下方有一幅中国地图，上面标记了六个不同的地点。观察员们密切关注着这些地方，希望新毒株一出现他们就能发现。但是，中国并不是唯一的可能出现点，他们还关注着世界上的其他地方。H7N9流感于2013年首次暴发，但是，它在2017年造成的死亡人数最多。据报道，中国有714名重症患者，死亡率超过了三分之一。如果世界上出现了新的流感病毒毒株，那么一场激烈的竞赛将会拉开帷幕，竞赛的主题就是加快新疫苗的研发和设计。当大流感暴发时，病毒会以喷气式飞机的速度席卷全球，我们只有不到几个月的时间来进行新疫苗的研发和分派。届时，我们对大流感的预测速度和准确性将成为决定人类生死存亡的关键。

　　2002年，中国广东省发现了一种完全不同的传染病——严重急性呼吸系统综合征（SARS）。其实，SARS的病原体并不是流感病毒，而是SARS冠状病毒（SARS-CoV）。在SARS之前，已知的冠状病毒只会感染哺乳动物和鸟类，造成类似感冒的疾病。SARS冠状病毒使我们以全新的观点重新审视这类病毒。它在被公共卫生的干预策略控制之前，曾在37个不同国家暴发，造成8098人感染，774人死亡。自2004年以来，再没有出现过有关SARS疫情的报告。但是，武汉暴发的新型冠状病毒肺炎打破了这个平静的表象，它预示着目前大流行的趋势。关于冠状病毒，特别是新型冠状病毒，我们又知道些什么呢？

冠状病毒与流感病毒分属不同的科。冠状病毒和流感病毒唯一的相似之处就在于二者都是RNA病毒。同时，流感病毒的基因组很小且结构简单，而冠状病毒的基因组在所有RNA病毒中是最大、最复杂的。这表明，冠状病毒在生物学和遗传学上的功能也更加复杂。我们知道，同一宿主中两种不同毒株的重组会产生新的流感病毒毒株。这意味着受感染个体的免疫系统将面临一种新病毒。对于基因组结构更复杂的冠状病毒来讲，它也进化出了惊人的重组潜能。它与流感病毒一样，两种不同的冠状病毒会重组形成一个新毒株，而且，冠状病毒还能够在不经过重组的情况下，自行完成表面抗原的重组。这种与生俱来的进化潜力，再加上极强的传染性，使新型冠状病毒具备了一种类似超级病毒的潜力。

冠状病毒通过咳嗽在人与人之间进行传播，咳出的飞沫中包含数十亿病毒，会使感染者周围的人吸入这些病毒。冠状病毒进入人体后会直接接触呼吸道的上皮细胞，此时，病毒的刺突会与细胞膜上的关键受体结合，从而使病毒能够将基因释放到细胞内部。接下来病毒就会控制核糖体，让它制造病毒蛋白;核糖体是一种细胞内大量存在的细胞器,负责生产蛋白质。第一个进入指令的蛋白质是一种关键的酶,即RNA聚合酶。这可能会让我们联想到聚合酶链式反应(PCR),它彻底地改变了法医学,能够用于大量扩增犯罪现场遗留的DNA。RNA聚合酶对病毒RNA的作用与之类似。冠状病毒首先在患者细胞内产生数十亿的子代病毒RNA,然后组装上病毒的衣壳和囊膜蛋白(包括具有传染性的刺突蛋白),最终大量的子代病毒通过细胞膜释放到宿主的气道中,并以咳嗽的方式在周围的空气中形成具有高度传染性的气溶胶。

新型冠状病毒与流感病毒在传播方式上非常相似,多发于人群密集的地方,如地铁、汽车、公交、飞机、游轮、办公室、学校、酒吧、咖啡馆、剧院、音乐厅、体育馆和住宅。更为关键的是,这种冠状病毒还能通过第二种途径进行传播:患者咳嗽产生的飞沫喷溅到手上后,会通过接触传播将病毒带到物体表面,如门把手、交通工具的扶杆和围栏、电脑键盘、移动电话以及其他物体的表面。相关研究表明,新型冠状病毒在气溶胶中能存活3小时且具有感染力;在纸板上能存活24小时且具有感染力;在塑料和不锈钢上能存活72小时且具有感染力。除了直接吸入呼吸道之外,新型冠状病毒的另一种感染途径是嘴巴、鼻子或眼睛的接触,病毒会自此进入人体肺部。

对于新型冠状病毒而言，即使是轻症或无症状患者也能将病毒传播给周围的人。感染者的潜伏期长达14天，有时还会更长。但是病毒并没有如愿以偿。它们刚一侵入人体，我们的免疫系统就开始反击。常见的早期症状有喉咙痛、发热、颤抖、恶心、头痛、四肢和背部疼痛。对于轻症患者来讲，整个病程的症状都和早期症状差不多，发展过程与流感类似。但新型冠状病毒与流感病毒的不同之处在于，它似乎不会在儿童身上引起重症，对老年人的威胁却很大。重症患者的体温会飙升至39℃左右，并伴有大量出汗的症状。相比之下，呼吸困难是较危险的症状，这意味着患者得了病毒性肺炎。现在，患者已经因为毒血症而变得虚弱无力。病毒性肺炎具有20%的致死率，因为它对抗生素和大多数已知的抗病毒药物都有耐药性。

不过，有些感染症状并不是病毒感染呼吸道细胞所造成的后果，而是源于机体自身强烈的免疫反应。侵入机体的病毒会刺激白细胞（巨噬细胞和中性粒细胞），使它们聚集到受感染的组织处。这些细胞会产生细胞因子和趋化因子来招募增援，比如被称为"战士"的T淋巴细胞，从而与病毒作战。的确，"战斗"是一个非常恰当的比喻。这些"战士"会杀死我们体内那些被感染的细胞。而"战场"则会高度发炎，产生大量的黏液，以致堵塞气道，引起咳嗽。尽管病毒通常会被限制在气道里，但这些化学物质却会进入血液,引起高热、头痛、疲劳和肌肉疼痛等症状。虽然我们也很疑惑为什么自己的战士会杀死自己的细胞,但是,对那些T淋巴细胞功能下降的人(老年人或免疫功能低下的患者)而言,他们的情况会变得更糟,病程也会延长,少数人可能还会罹患病毒性肺炎或继发性细菌性肺炎,严重的情况下甚至会危及生命。

令人欣慰的是,新型冠状病毒肺炎与季节性流感一样,大部分患者的病情较轻,不用住院治疗就能完全康复。但是,我们不能低估少数人罹患重症的可能性,他们可能会覆盖各个年龄段,甚至是健康人。而且,相关研究已经证实,这种病毒对老年人和免疫功能低下的患者而言特别危险,致死率很高。这些患者往往需要住院治疗。

正如我在本书中所解释的那样,流行性传染病是以病原微生物和宿主之间那种强烈的进化关系为驱动力的。新型冠状病毒的进化规律导致它在短短几个月的时间里感染了近10万人。现在的世界就是个地球村,即使是世界上最孤单、最遥远的人们之间也能通过航空、铁路和轮船相互接触。中国政府的做法令人称赞,它于2020年1月采取了积极的防控措施,强制封锁了湖北省,使病毒的传播得到了有效的控制。与此同时,全世界的感染病例数量正在上升。根据估算,感染人数每三天就会增加一倍,这令许多其他国家的卫生部门感到震惊。我们可以预见,传染的中心地带就是大型城镇,因为那里的人口众多,在生活、交通、工作上会发生近距离接触。考虑到人类总是会对正在发生的事情表示怀疑的本性,紧随疫情而来的将是误解、延误、社会动荡和政府混乱,这可能是自1918年大流感后人类遇到的最严重的公共卫生问题。

疫情蔓延对全球经济的影响或许更难预测。航空公司停飞导致外出度假的游客被困在偏远地区;农业产业链上的流动人员供应被迫中断;非必需的工作旅行遭到限制;正常工作和社会活动也受到干扰。2020年3月9日,联合国贸易和发展会议发布警告,新型冠状病毒肺炎可能会导致全球经济衰退。这一警告很快就被证实,金融市场的确遭受了重创,道琼斯指数暴跌1000多点,富时100指数股市值在一周内损失了600亿英镑(约合人民币5450亿元)。全球各国政府所面临的问题在规模和复杂性上令人咋舌。

同时,新型冠状病毒肺炎还在传播,目前已经扩散到了世界各国。一场悲剧性的意外事件引起了媒体的广泛关注:停泊在日本横滨港的"钻石公主号"邮轮上面有700多名乘客和船员成了该病毒的受害者,其中有6人丧生。与此同时,虽然中国和新加坡的疫情得到了控制,但是欧洲的疫情却在不断地蔓延,感染人数呈指数级上升。2020年上半年,当时人们还没有研制出疫苗或发现有效的治疗方法,公共卫生专家只能使用基本的预防策略。公共教育鼓励那些怀疑自己已经轻度感染的患者进行自愿隔离,而重症患者则需在专门的隔离病房内接受强化治疗。媒体广播往往从积极、正面的角度进行宣传,强调死者都是老年人或是免疫系统有缺陷的人。不幸的是,这种旨在减少恐慌的保证使大部分人都认为这种疾病没有风险。几天后,当欧洲有关部门呼吁民众自愿进行社会隔离时,许多人对此毫不在意,继续频繁地出入酒吧、咖啡馆、餐厅和娱乐场所。于是,该部门不得不借助法律和警察的力量来加强社会隔离。当这些措施都失败后,欧洲各国才纷纷效仿中国和新加坡,开始采取一些严格有效的措施,对发生疫情的城镇和地区实施强制隔离。

随着病毒的迅速蔓延,意大利成了欧洲的疫情中心,相信电视机前的观众都目睹了该国重症治疗室里的骇人场面。伦巴第是意大利北部经济最发达的大区,很快也被新型冠状病毒攻陷。截至2020年3月9日,意大利共有9172名公民被感染,死亡人数不断上升。同时,意大利也成为欧洲第一个实施强制隔离措施的国家。为了遏制病毒扩散,意大利对整个伦巴第大区实施了严格的隔离政策。现在意大利的患者死亡人数已经超过了中国,医院处在崩溃的边缘,重症监护病房里的患者被挤到了普通病房,教堂里摆满了棺材,尸体在没有亲人和仪式的情况下就被火化了(因为他们的亲人都被隔离在家,无法举办仪式)。两天后,世界卫生组织宣布,新型冠状病毒肺炎是真正的全球性传染病。

当月,受疫情影响,各大体育赛事被延期,学校和大学被关闭,航班等国际交通线路被取消,大型会议和大规模群众集会被禁止,那些认为自己被感染的人以及易感人群自愿隔离在家。截至3月21日,约有1.7亿欧洲人生活在政府颁布的各项强制隔离政策法令之下。与此同时,澳大利亚和新西兰禁止非本国居民入境。多国政府强制关闭了各大城市的酒吧、餐厅、体育馆和娱乐中心。疫情不可避免地也蔓延到了美国,美国封锁了与墨西哥的边境,禁止非美国公民入境。美国的纽约就像意大利的伦巴第一样,成为病毒在当地的传播中心,感染人数每三天增长一倍,仅纽约一个州的患者数量就等于美国其他地区患者数量的总和。在这种情况下,纽约州州长科莫不得不实施强制隔离措施,只允许必要企业的健康工作人员上班。

同时,许多国家都禁止非本国居民入境,并实施隔离措施。洛杉矶、伦敦、纽约、马德里、罗马等许多城市都进行了强制隔离。法国、意大利、西班牙、英国、德国、爱尔兰和印度等国也都实施了隔离政策，比如，印度总理纳伦德拉·莫迪下令要求该国的13亿人口进行强制隔离。即使在富有、发达的欧洲国家，医务人员也公开表达了他们所面临的困境：重症监护病房床位短缺，个人防护装备不足，重症患者缺乏呼吸机，医生没有特效疗法，普通人群缺乏疫苗保护，等等。意大利在4个星期前只有1名患者死于这种冠状病毒，而现在，该国的死亡人数是中国的死亡人数的2倍，仅一天之内就有793人死亡。

2020年3月25日，当英国准备在伦敦、伯明翰和曼彻斯特建立新的大型隔离医院时，查尔斯王子将自己的名字写进了感染者名单。两天后，首相鲍里斯·约翰逊、卫生部部长马特·汉考克和首席医疗官克里斯·惠蒂也加入了感染者行列。这让人们想起了早先记者在罗马市中心、巴黎的香榭丽舍大道和伦敦的特拉法加广场的报道，一名天空新闻台的记者在纽约的第五大道和中央公园的拐角处拍摄了空荡荡的街道。

美国的感染人数也在迅速上升，已经超过了中国和意大利，成为全球感染人数最多的国家。从全球范围来讲，感染人数和死亡人数仍在飙升，截至3月26日，全球感染人数已经超过了50万人，而且没有丝毫的好转迹象。仅仅一天后，全球感染人数又增加了10万人，这意味着疫情的蔓延速度远远超出了人们的想象。

2020年3月24日，英国政府出台了一项政策，为因疫情无法工作的雇员补贴80%的工资。一天后，特朗普政府达成了初步协议，拿出2万亿美元（约合人民币13.9万亿元）来刺激经济发展，为美国的抗疫提供资金。现在，全世界都投入到了对抗新型冠状病毒肺炎的战争中，从目前的情况来看，病毒仍占上风。这场战争既不涉及常规武器，也不涉及战争策略。那些非日常生活保障行业的工人每天都按照卫生部门的指示，自行在家隔离；家庭和社区齐心协力，为易感人群提供食物和保护；焦头烂额的医生通过电话进行远程指导；医院急诊科的工作人员身穿防护服，面戴口罩，时刻严阵以待。最近，抗疫局势转向了重症监护治疗，医护人员在缺乏床位、人员、设备和特效疗法的情况下，依然夜以继日地工作。

除了感染人数不断增长的宏观局势之外，感染者的肺部和血液里同样进行着一场微观战争。在没有疫苗或药物参与的情况下，人类的抗体和细胞防御就是这场免疫之战的主力军。总的来说，宿主有80%的可能会赢得胜利。现在，英国首席医疗官也成了病毒的受害者，他把免疫系统的胜利作为整个行动计划的一部分。其他战略的主旨是通过社会隔离措施延缓流行病在人群中的扩散，从而确保国家医疗服务体系的重症监护病房和相关设施的正常运行。政府也在争分夺秒地采取相应的策略。

为了保护一线工作者，政府送来了数百万套个人防护装备，并招募退休医生返岗来减轻医院的压力。同时，政府又投入了大批的抗原检测试剂盒来精确诊断工作人员和患者的病毒感染情况。为了确定感染人数并追踪感染情况，政府组织开展了抗体检测实验。截至3月29日，约有9000名英国患者住在重症监护病房里，伦敦的会展中心将被改建成当地第一个"南丁格尔医院"，以增加数千张重症监护床位。

在我撰写本章内容时，所有的一切正在发生。*与此同时，重要的问题仍未解决。这场大流行的传播趋势会持续下去，并席卷全人类吗？现代医学能否拯救人类并阻止它呢？

拯救患者生命的主要障碍是我们无法治愈这种疾病。意大利和西班牙的死亡率相对较高，约有20%的重症患者都会死亡，那么，英国和美国是否也会这样，终将遭受自然灾害带来的严重后果呢？问题的答案取决于两项对策的成败：一是对于已

---

* 作者于 2020 年 5 月最后一次修改本章内容。

经感染的患者来讲,我们需要有效的抗病毒疗法;二是对于尚未被感染的健康人群来讲,我们需要疫苗免疫。现在,各个实验室已经开始进行抗病毒药物及联合用药的临床试验,疫苗的研发也在进行之中。目前在这种流行病暴发的上升阶段,我们所能做的就是祈祷,希望这些方法都能成功。

一 Chapter 11
来自狡猾病毒的教训

十年前，一名73岁的加拿大男子因肩部疼痛被送往当地医院，随后，他出现了发热、吞咽困难、肌肉痉挛和全身无力等症状。其神经系统的状态不断恶化，表现为易怒、嗜睡和过度流涎；过度流涎是指唾液从患者张开的嘴里流出来的并发症。两天后，他的四肢和躯干开始痉挛、抽搐，并在进入"去皮质强直"状态之前就丧失了心智。从这个意义上来说，"去皮质"意味着大脑皮层功能的丧失，而大脑皮层又是大脑的高级功能部位。

医生对他采取了常规的复苏措施，用插管的方式给他的肺部机械通气。为了挽救他的生命，医生对其进行了静脉注射，并用抗生素和类固醇药物配合治疗。他们对男子的大脑进行了CAT扫描，但结果显示一切正常。主治医生想知道他身上到底发生了什么。于是，他们询问男子的亲属，确认他是否被动物咬过。他的家人说,他曾在六个月前被一只蝙蝠咬伤了左肩,但没有去看医生。医生对男子的颈部皮肤进行了活检,并提取了他的唾液样本和血液样本。所有的诊断都指向一个结果:男子处于狂犬病晚期。实验室的检测结果也佐证了这一点。医生开始对他进行密尔沃基疗法,但为时已晚。男子在昏迷的两个多月里已经脑死亡,医生刚一撤去医疗支持设备,他就死亡了。

后来的尸检结果显示,男子得了病毒性脑膜炎。医生对他的大脑皮层进行了显微镜镜检,确定是狂犬病毒摧毁了他大脑中负责高级心理功能的所有细胞。

男子的结局令人悲伤。如果他被蝙蝠咬后立马就去医院治疗,那么结果可能截然不同。不过最令人感到震惊的是,他只是被蝙蝠咬了一口,就以这种可怕的方式失去了生命。其实,早在4300多年前,巴比伦的《埃什努纳法典》就明确规定,如果狗主人没有看管好自己的狗,致使它咬人并致人死亡,那么狗主人将被罚40舍客勒的银子。

几千年来,未经治疗的狂犬病一直都是致命疾病。罗马医学家奥留斯·科尼利厄斯·塞尔苏斯曾建议用热熨斗灼烫动物的咬伤处,尽管这是一种残酷的治疗方法,但在动物刚咬伤时就立即使用还是具有治愈的可能性的。这种极端的疗法一直沿用到法国微生物学家路易斯·巴斯德在1884年研发出狂犬病疫苗。时至今日，对于那些被动物咬伤的人们来讲，巴斯德疫苗仍是预防这种疾病的最佳希望。不过，现代的治疗方法越来越多，只要我们尽早地发现这种疾病，就有可能挽救患者的生命。

狂犬病毒是已知病毒中最致命、最奇怪的一种病毒，它可以为了提高生存和增殖的能力而不择手段。狂犬病毒属于狂犬病毒属，该属的学名"Lyssavirus"起源于希腊语"lyssa"，意思是"狂乱"。这表明，狂犬病毒能使被感染的动物或人发狂。它不仅会让患者死亡，还会让患者体内的狂犬病毒都死亡。那么，这种病毒为什么会进化出如此可怕的策略呢？答案可能很复杂，但至少在一定程度上反映了这样一个事实：患者不是狂犬病毒的自然宿主。

狂犬病毒属于弹状病毒科，该科的病毒能够感染很多宿主，包括爬行动物、鱼类、甲壳动物、哺乳动物以及一些植物。巴斯德研究所的专家埃尔韦·布里认为，狂犬病毒是蝙蝠的共生伙伴，不会给蝙蝠带来疾病。不过，它可以感染很多哺乳动物，包括狗、狐狸、狼、豺以及啮齿动物，从进化的角度来看，这些动物都是可消耗的。因此，狂犬病毒在非自然宿主（包括人类）体内的自杀式死亡并不会为其生存带来威胁，因为它还会在蝙蝠体内继续存活下去。狂犬病毒对自己不喜欢的猎物的所作所为很阴险，甚至我们很难想象还有什么比这更阴险的了。它会感染宿主的大脑，令其变得狂躁。同时，它还会在宿主的唾液腺中进行自我复制，因此当宿主发狂地撕咬其他动物时，它就能完成自身的传播。从进化的长远角度来看，这样做除了消除自然宿主的生态竞争对手或潜在威胁之外，我们很难发现其他目的。或许，我们应该探讨一下另外一个问题：狂犬病毒是如何在蝙蝠中进行传播的呢？

蝙蝠属于哺乳动物目，大约有1200种。狂犬病毒似乎不太可能与所有种类的蝙蝠共生。不过，我们并不完全了解蝙蝠，无法回答这个问题。如果狂犬病毒的致命性和患者感染后的撕咬行为只不过是不同种类蝙蝠之间的一种竞争策略，与上述任何一种哺乳动物都无关，那么结果会怎样呢？考虑到不同种类蝙蝠之间存在针对生存空间和资源的激烈竞争，我们可以试着去理解它们这种不择手段的行为。

我们已经知道，狂犬病毒属于弹状病毒科，而该科的学名"Rhabdoviridae"源于希腊语"rhabdos"，意思是"棒状物"。狂犬病毒呈杆状结构，一端圆凸，一端平凹，看起来像微缩子弹。病毒长约170纳米，外覆囊膜，里面是衣壳，而衣壳保护着基因组。到目前为止，我们所见过的病毒衣壳都呈二十面体对称结构,而狂犬病毒的衣壳和弹状病毒一样,呈螺旋对称。该病毒能够感染除了蝙蝠之外的所有温血动物,但不同动物的易感程度不同,而易感程度最高的是狐狸、狼和豺。令人惊讶的是,狗的易感程度仅为中等,但鉴于这种动物与人类之间的亲密关系,狗便成了给人类传播狂犬病毒的最常见媒介。我们可以通过接种狂犬疫苗来降低风险,但是,这并不能降低蝙蝠、猫、浣熊和臭鼬等动物传播狂犬病毒的风险。

当狂犬病毒进入易感动物体内时,无论是通过蝙蝠咬伤,还是通过其他动物咬伤,这种病毒都会穿过皮肤屏障,进入更深的组织。甚至连携带病毒的唾液沾在破伤的皮肤上或者飞溅在眼睛、嘴巴或鼻子上,都会造成感染。狂犬病毒进入机体后没有固定的发作时间,潜伏期从10天到1年不等,甚至可能更久。当动物被咬伤后,狂犬病毒会先在皮肤和肌肉的细胞中增殖,然后到达周围神经,并通过周围神经侵入大脑。此时,狂犬病毒找到了它的终极靶细胞:大脑中承担高级心理功能的神经细胞。

患者在感染早期会感到伤口疼痛和刺痛,并伴随着局部抽搐。但是,当病毒进入大脑后,患者就会表现出典型的狂犬病症状。它的症状有两种,但大多数患者只会表现出其中一种。约80%的患者会像本章开头的加拿大男子那样进入兴奋阶段,面部表情焦不安,脉搏加快,呼吸急促。只有少数患者的症状是全身麻痹,最终死亡。英国曾报道过这样一个病例,由于患者出现了心理障碍,一开始竟被误诊为精神分裂。狂犬病在该阶段的典型症状有面部肌肉的痉挛和麻痹,以及身体其他部位的抽搐,这是恐水症的征兆。恐水症的具体表现是,患者非常想喝水,但当他看到水时,咽喉和呼吸肌就会剧烈痉挛,并表现得极度恐惧。大约1个星期后,患者就会出现大面积瘫痪、昏迷和心血管衰竭的症状。

值得庆幸的是,现在我们已经可以预防狂犬病,患者甚至还能得到治疗。例如,北美、西欧、澳大利亚和日本的大部分地区已经为狗和高风险的易感人群接种了疫苗,该政策在疾病的预防上取得了巨大成就。当人们被蝙蝠或其他可疑的动物咬伤后,只要在10天之内注射狂犬病免疫球蛋白,就能避免得病。尽管如此,狂犬病至今仍是一种全球性疾病,仅2015年就造成了1.74万人死亡,这是多么令人痛心的事实。大部分的死亡病例都发生在非洲和亚洲,其中约40%的死者是15岁以下的儿童。

只要蝙蝠存在,狂犬病毒就不可能消失。我们在其他传染性病毒与宿主的关系上也看到了同样的现象,例如,流感病毒与水禽,汉坦病毒与鹿鼠。这引出了一个重要的问题:自然界中,病毒与宿主之间的共生关系是如何形成的?关于这个问题的答案，我们可以从一个针对兔子的人造传染病实验中寻找灵感。

1859年，欧洲定居者为了解决食物问题，首次将野生欧洲兔引入澳大利亚。由于缺乏天敌，兔子的数量急剧膨胀，导致当地的草原遭到了大面积的破坏。1950年3月至11月，澳大利亚当局采用生物战的措施来降低兔子的数量，引入一种病毒来感染野生兔子。这种病毒就是黏液瘤病毒。它以昆虫为传播媒介，会在巴西兔中造成持续性感染。所谓的持续性意味着当病毒首次感染宿主后，无论是在个体层面还是物种层面上，它都不会放弃宿主。这种现象支持病毒学家所提出的病毒与宿主"共同进化"的理论，是持续性共生作用的替代语。

虽然黏液瘤病毒不会给巴西兔带来疾病，但是一些已知的毒株对欧洲兔而言却是致命的，它们会造成多发性黏液瘤。1950年3月至11月，生物学家选择了澳大利亚东南部墨累山谷的5组野生欧洲兔作为实验动物，为它们接种了一种高致死率的毒株。这虽然不是一个进化实验，但回想起来，也算是一个具有重要意义的实验模型。其实，现实中也可能会发生这种情况，如果某种与病毒共同进化的野生兔碰到了另一种从未接触过该病毒的野生兔，那么，病毒就会非常容易实现跨物种传播，形成一种"新发病毒感染"模式。

传染病的重要起源就是新发病毒。近代史上有很多这样的例子，比如人类免疫缺陷病毒1型、埃博拉病毒、辛诺柏病毒、拉沙病毒、禽流感病毒、SARS冠状病毒以及最近的寨卡病毒。此前，生物学家曾在澳大利亚和欧洲进行过相似的黏液瘤病毒实验，但都未能控制住兔群数量的增长。澳大利亚的生物学家并没有对此感到惊讶，而且，实验依旧没有取得什么实质性的进展。在兔子接种病毒后的9个月里，其传播效果很差。不过，那9个月的气候比较干燥，昆虫数量也相对较少，不巧的是昆虫才是黏液瘤病毒的传播媒介。转机发生在12月，当潮湿的春天过去之后，蚊子的数量激增，兔群中突然就暴发了一场瘟疫。黏液瘤病毒以兔子的免疫细胞为靶细胞，而许多病毒都遵循着这种模式。

最初，黏液瘤病毒以兔子皮肤上的主要组织相容性II型细胞为靶细胞，然后扩散到邻近的淋巴结上，再通过血液进入脾脏，此时，其靶细胞也变成淋巴细胞。病毒会不断地进行复制和传播，而每克被感染的淋巴结或脾脏中的病毒数量高达1亿。大量的病毒会通过血液循环进一步扩散，造成致死性疾病，而被感染兔子的头部、眼睑和耳朵上都会出现病态肿胀，耳朵和腿部的皮肤也会溃烂，并伴有肛门－生殖器肿胀、眼膜炎和流鼻血的症状。虽然这种病毒几乎不会伤害其共生伙伴巴西兔，但对澳大利亚引进的欧洲兔来说却是致命杀手。

瘟疫暴发后的三个月内,澳大利亚东南部(面积相当于西欧)99.8%的兔子都死于多发性黏液瘤。科学家在病毒与宿主的进化关系中见证了达尔文的自然选择理论。但如果没有人类的刻意推动,这一切是不会在自然情况下发生的。在自然情况下,一旦黏液瘤病毒被巴西兔带到其竞争对手欧洲兔的生态环境中,届时我们就可以预测,病毒入侵将会"选择"欧洲兔,从而使巴西兔成为环境的主导者。这是一个经典的进化机制案例,我将其称为"积极共生"。但在人为情况下,并没有竞争者从"选择"中获利。这从根本上改变了进化的动力。虽然澳大利亚当局希望彻底消灭野生欧洲兔,但这并没有实现。另一种进化动力的适时出现取代了这一想法,它遵循着一种不同的"积极共生"模式。

一种被称为"主要组织相容性复合体"的染色体区段决定了机体的抗感染能力。兔子和其他哺乳动物一样,不同种群的遗传变异决定了它们抵抗感染的能力,这被称为基因型。我们可以假设,黏液瘤病毒对不同基因型的兔群致死率不同。因此,病毒会杀死兔群中最易感的、致死率最高的基因型。如果整个兔群的死亡率非常高,那么这表明大多数基因型的兔子都对该病毒高度敏感。但是,病毒对少数基因型的兔子影响较小,致死率也较低。

组织相容性基因型具有遗传性。一代代的自然选择留下了低致死率的基因型——我们再次看到了病毒的重要性。由于兔子的繁殖速度很快,过不了多久兔群中就会出现一种新的基因型,它能使兔子在病毒的持续感染中存活下来。现在,黏液瘤病毒选择了一个新的宿主。

随着兔群的大量死亡,黏液瘤病毒与新宿主之间产生了共同进化,在短短七年的时间里,病毒的致死率减少到了25%。现在,兔子和黏液瘤病毒之间依旧存在共生关系,而且兔群的数量也已经基本得到恢复。病毒在新宿主身上实现了生存和复制。但是,人们可能会疑惑,这种关系能给兔子带来什么好处呢?此时,我们要考虑一下,如果再有一种与之存在竞争关系却从未接触过该病毒的兔子进入这个共同进化的生态系统时,会发生些什么……

我们不仅目睹了生态竞争中"积极共生"的病毒对宿主的保护,还发现了当病毒与新宿主之间建立稳定的共生关系时,这种"积极共生"模式所发挥的作用。从道德上来讲,这种共生关系的发展方式可能比较无情。不过,病毒只受原始本能的驱动:生存和复制。病毒是典型的非道德主义者。

ー Chapter 12

人畜共患病：埃博拉病毒和新型冠状病毒的起源

　　恩扎拉镇位于苏丹共和国最南端，靠近刚果民主共和国，是一个才从热带雨林腹地开发出来的小镇。1976年6月27日，小镇的一名男子生病了。疣猴依然栖息于树上，狒狒在高高的草丛里争夺着领地。恩扎拉镇共有2万名居民，主要是阿赞德部落，他们奉行一夫多妻制，遵守家庭禁忌和祖先崇拜。这里的建筑物基本上都是土墙和茅草屋，只有几座瓦楞铁皮屋顶的砖房，而尤西亚和他的两个妻子就生活在茅草屋里。6月27日，尤西亚病倒了。他的前额开始疼痛，这种感觉逐渐蔓延到整个头部，并伴有恶心呕吐的症状。紧接着，他的喉咙开始剧痛，正如他对弟弟雅森纳所说，他觉得自己的喉咙里仿佛有个火球。尤西亚的身体一向很好，从未生过重病，但是现在他的舌头像绳子一样干，脸颊里长着大片的溃疡，痛到连唾液都无法吞咽。很快，他的胸部、颈部和背部的肌肉也开始剧痛，痛感逐渐扩散到两条腿上。他的脸部开始凹陷，没有任何表情。他只能躺在床上痛苦地呻吟。雅森纳住在尤西亚的茅草屋里，细心地照顾着生病的哥哥，但即使这样也无法阻挡病情的迅速发展。

似乎没有任何措施能够减轻尤西亚的痛苦。直到6月30日，雅森纳才把他送到当地的医院。

恩扎拉镇的医院是间小木屋，里面只有几张铁架床。镇上只有一家药房，由一名护士和一名当地医生负责经营，但是，医生大部分时间都在捕猎猴子。尤西亚当时腹部剧痛、腹泻、呕吐，并已经开始虚脱。入院两天后，他出现了口鼻出血、便血的症状。他骨头上的皮肉都已经萎缩，脸部干瘪得像个骷髅，眼窝深陷，目光呆滞。最终，仁慈的死神在7月6日带走了他，结束了他的苦难。

发热性疾病所造成的死亡在热带地区非常常见。疟疾、伤寒、结核和昏睡病肆虐横行，在当地人身上引发类似的症状，并夺走他们的生命。但这次的疾病似乎与以往那些不同，很快，其他人也开始发病，症状与尤西亚相似。尤西亚成了当地新发疾病的指示病例，该病迅速在人群中传播开来。随着时间的推移，人们发现与患者密切接触的人也会发热。按照尤西亚所在部落的传统，妻子和近亲负责照顾家中的患者，一旦患者不幸离世,也是由这些亲人来完成入土之前的尸体清洁工作。亲人会为死者举行庄重的沐浴净身仪式,并哀痛地抚摸着尸体,亲吻着死者的脸颊。但是,在这种情况下,亲密接触会导致疾病在局部区域里暴发性传播。

马里迪镇位于恩扎拉镇东部约80英里(130公里)处,疫情在当年8月的时候就已经蔓延到了该镇。马里迪镇有一家设备齐全的大型医院,由于病床的间距很小,疫情逐渐在老式的南丁格尔病房里蔓延开来,使得医院里的其他患者和医护人员都被感染。8月下旬,在传染病入侵刚果民主共和国之前,扬布库镇的医院也暴发了疫情。扬布库镇属于本巴区,位于马里迪镇西南侧825公里处,横跨赤道。1976年,该区大约有27.5万人,并且拥有一个组织相对良好的天主教教会医院。然而此时,该医院也暴发了疫情。

人们并不清楚这究竟是一种什么病。有人怀疑它是黄热病,但奇怪的是患者都没有出现黄疸。虽然这种病的许多症状都与发热相似,但也有一些奇怪的症状和特征。患者普遍对自己的症状感到恐惧,他们会七窍流血。一些患者意识混乱,情绪激动,甚至会脱掉自己的衣服,爬下床,此时他们的大脑已经完全糊涂。随着病情的发展,患者会变得面无表情,眼窝深陷,目光呆滞,看起来就快要死了。这场疫情还夺走了很多医护人员的生命。几乎每个接触过患者的人都会被传染。当地的工作人员非常害怕，所以他们放弃了暴发疫情的医院。无论修女们做什么都无法缓解紧张的氛围，没人再敢清洗或埋葬死者。即使以自由为筹码，也无法驱使监狱里的犯人去挪动尸体。周围村庄的情况也令人担忧。

　　当地的医生惊慌失措地向金沙萨（刚果民主共和国首都）的卫生部部长反映了这一情况。很快，绝望的呼声就传到了布鲁塞尔（比利时首都）——刚果民主共和国曾是比利时的殖民地，当时被称为比属刚果。与此同时，当地的惨状也引起了世界卫生组织的注意。现在人们越来越担心这是一场由新发病毒造成的瘟疫。来自比利时和英国的流行病学家和病毒学家开始赶往马里迪镇和苏丹南部，追溯瘟疫的源头。

　　1976年的医疗技术水平还比较落后，人们很难诊断出新发病毒。研究人员采用了多种实验方法来进行调查。例如，从患者的血液中寻找特定的病毒抗体。虽然这仅仅是初步实验，但也需要提供可靠的抗原来检测患者的血清。问题是当时的人们并没有分离出新发病毒，因此无法开展典型的血清学实验。在这种情况下，还有另外两种方法能够寻找新发病毒：第一种是给实验动物接种患者的血液或组织，然后观察动物的病理反应；第二种是在各类细胞培养物中培养病毒。来自布鲁塞尔的斯蒂芬·帕坦教授是一位经验丰富的病毒学家，他通过第一种方法来研究这种病毒，并选择扬布库教会医院的一名修女患者的血液和肝脏样本接种实验动物。他推测这种传染病可能是拉沙热，拉沙热也是一种出血热，几年前在非洲的某个地区首次暴发。因此，他开始研究拉沙热，并将感染者的血清接种到小鼠体内。

此时，还有一个更令人担忧的可能性:病原体可能是某种新的出血热病毒，而不是拉沙病毒。如果是这样的话，帕坦怀疑它可能不是虫媒病毒。虫媒病毒是指那些通过昆虫叮咬来传播的病毒，该术语的本意是指节肢动物传播的病毒。为了揭开事实的真相，他将修女的血清接种到乳鼠体内，同时对修女的肝脏组织进行匀浆，然后将其加到细胞培养物中。随后，他用福尔马林固定了一个肝脏样本，并把样本寄给了病理学家吉加斯博士。接下来，吉加斯检查了病毒给实验小鼠的器官和组织带来的影响。经过不到24小时，吉加斯就打电话告诉帕坦，小鼠出现了肝炎症状。当帕坦知道能够在肝细胞中看到"包涵体"时，他的心跳快了起来，因为这表明该传染病是由一种病毒造成的。但是，很多病毒都会攻击肝脏，仅凭这一条尚且很难确诊。

10月5日，帕坦打电话给世界卫生组织病毒性疾病的负责人保罗·布雷斯博士。当时的布雷斯已经知道了这种神秘的非洲流行病，这令帕坦感到惊讶。随后布雷斯告诉帕坦，世界卫生组织对此非常担忧。同时，这位世界卫生组织的负责人认为，帕坦实验室的安全等级与普通医院实验室的安全等级差不多，缺乏更安全的设备来处理危险的病毒。考虑到在普通实验室里处理这种病毒实在太危险了，他建议帕坦把所有的样本都送到英国的波顿唐，那里有生物安全四级实验室，以便更妥善地处理这种传染性极强、致死率极高的病毒。

在接下来的几天里，帕坦把血清、肝脏活检以及实验小鼠的大脑和培养物小心包裹起来，一并送到了波顿唐。此时，波顿唐也收到了来自苏丹的样本。经验丰富的病毒学家厄尼·鲍恩对这两种非洲流行病标本进行了血清学筛查、细胞培养和实验动物接种，筛查了各种可能致命的出血热病毒，包括黄热病毒、克里米亚－刚果病毒、裂谷热病毒和拉沙病毒。戴维·辛普森是鲍恩在工作上的好伙伴，也是一位富有经验的英国病毒学家，当时就职于伦敦卫生与热带医学院。鲍恩打电话告诉辛普森，他所面对的可能是马尔堡病毒，而这种病毒也是帕坦所担心的可能性之一。9年前，这两位英国病毒学家曾一起并肩作战，首次对马尔堡病毒进行了临床诊断，当时，这种最致命的出血热就已经引起了医学界和公众的注意。

20世纪60年代，医学和生物学所用的实验动物还是猴子。1967年，德国马尔堡的猴子饲养员身上暴发了一种神秘的传染病，马尔堡病毒就是在那时被发现的。不久，法兰克福和贝尔格莱德（当时属于南斯拉夫）也出现了许多感染病例。马尔堡病毒的发现对当代病毒学产生了巨大的冲击。在此之前，人们从未见过这种病毒。随着病情的发展，猴子和饲养员的面部、躯干、四肢都长出了很多皮疹，这些皮疹慢慢地合并在一起，变成了铅红色。16天后，他们的皮肤、毛发、指甲纷纷脱落。其中7名患者出现了严重的出血症状，出血部位包括鼻腔、牙龈以及抽血和静脉注射的部位。同时，他们还会吐血、便血。由于病毒感染了大脑，大多数患者会进入昏迷阶段，尤其是那些最终死于感染的患者。这些症状与马里迪镇和扬布库镇患者的症状非常相似。

英国的波顿唐进行了大量的实验检测，而辛普森是世界上首个看到马尔堡病毒的科学家，当时他是首席病毒学家C. E.戈登·史密斯的高级助理。后来辛普森告诉我，他几乎不敢相信自己的双眼：经过高倍电子显微镜的放大，它们在一些视野里看起来就像蛇或蠕虫；而在另一些视野里看起来就像甜甜圈、字母、问号或逗号。它们的厚度大约有80纳米，但长度却有14000纳米。他向操作电子显微镜的技术人员询问道：

"这是什么东西？"

他发现了一个未知的病毒家族，后来人们将其称为"丝状病毒"。该病毒学名"filovirus"来源于拉丁语"filum"，意思是"一根线"。它们是地球上最危险的病原体之一。

9年后，鲍恩收到了来自马里迪镇和扬布库镇的样本，于是重复了他与辛普森在马尔堡疫情期间所做的实验。与此同时，美国疾病预防控制中心生物安全四级实验室的病毒学家弗雷德·墨菲和卡尔·约翰逊，也非常关注苏丹共和国和刚果民主共和国的疫情。但是，如果没有官方干涉，美国疾病预防控制中心对此也无能为力。此时约翰逊听说英国波顿唐参与了实验，就给鲍恩打了一个电话。尽管世界卫生组织严令鲍恩要保密，但他还是告诉了约翰逊，他怀疑那是马尔堡病毒，只是还未能确认。约翰逊给他提供了一种美国研发的荧光免疫检测法，以帮助他极大地加快实验进程。这对鲍恩来说意义非凡，他把那位修女的血清和肝组织活检材料一同寄给了约翰逊，这些样本在10月10日到达了亚特兰大。

约翰逊的妻子兼助手帕特里夏·韦伯检测了这些样本。当实验进行了两三天后，她发现患者身上的血清会引起细胞病变，这表明样本中存在病毒。她将培养瓶里的上清液交给了墨菲，这样他就能在电子显微镜下观察病毒。墨菲说："我把它放到电子显微镜下后，马上就看到了那些长长的、卷卷的细线，这种形状在所有的病毒中都是独一无二的。这些病毒看起来和马尔堡病毒一样。那一刻我脖子上的汗毛都立起来了。"

他们发现了第二种同等致命的丝状病毒，并以刚果河的一条支流的名字为它命名：埃博拉病毒。1976年，埃博拉疫情在苏丹共和国的死亡率为53%，而在刚果民主共和国的死亡率高达89%。此后，两国的埃博拉疫情又有反复，不过都不严重。自1994年起，埃博拉病毒先后在不同的非洲国家暴发，并成为全球性新闻。2014年，西非暴发了有史以来最严重的埃博拉疫情。现在，埃博拉病毒已经发展成为丝状病毒科的一个属。研究表明，该属的很多病毒都会给公众健康带来严重的威胁。例如，扎伊尔埃博拉病毒、苏丹埃博拉病毒、雷斯顿埃博拉病毒（虽然这是个美国故事，但病毒似乎起源于亚洲）、科特迪瓦埃博拉病毒和本迪布焦埃博拉病毒。2014年，西非的埃博拉疫情共感染2.8万人，夺走1.1万人的生命。

有关卫生部门正在制定一个全球性的监测战略，专门预测埃博拉病毒和马尔堡病毒的暴发，希望由此避免未来可能出现的疾病和死亡。但是，目前依然存在一些重要问题：当这些病毒首次在德国的马尔堡以及非洲的马里迪镇、扬布库镇暴发时，它们究竟从何而来？丝状病毒的自然宿主是什么？

现在我们知道了上述问题的答案,其中一个答案或许能够帮助我们把埃博拉病毒和马尔堡病毒与其他流行病毒联系起来。果蝠似乎是丝状病毒的自然宿主。我们再次发现,蝙蝠能够与这些可怕的病毒共存,而它自己却没有任何生病的迹象。目前,科学家仍在研究病毒究竟是如何从蝙蝠传播到人类或其他哺乳动物身上的。从人类疾病的暴发规律来看,当人类进入蝙蝠的生态系统时就会被感染,而蝙蝠往往生活在热带雨林或森林低区。同时,丝状病毒与辛诺柏病毒、狂犬病毒不同,比较容易发生人传人现象,这一点非常令人担忧。

埃博拉的故事还有其他含义。埃博拉病毒与其他新发病毒(如汉坦病毒、拉沙病毒、人类免疫缺陷病毒和SARS冠状病毒)有一个显著的共同点:人口的过度膨胀使得人类更容易接触到病毒与宿主的自然环境,而这些自然宿主引发的都是人畜共患病。更重要的是这些病毒给当今世界带来的影响。2020年流行的新型冠状病毒肺炎,也是一种人畜共患病。

这虽然令人担忧,但可能有助于我们理解新型冠状病毒肺炎的产生方式,将它与其他已知的人畜共患病进行对比,从而帮助我们在进化层面上了解它。

这让我回想起20世纪90年代时与耶茨教授的一次谈话,当时正值辛诺柏病毒的流行期。他认为啮齿动物与汉坦病毒之间存在极为密切的共同进化关系。这改变了我对病毒在进化层面上与宿主之间相互作用的理解。我甚至在与耶茨教授的谈话中开始思考,他所说的病毒学术语中的共同进化是否等同于一般生物学家所说的共生关系。后来,我开始详细地研究共生关系。我采访了共生生物学领域的著名领军人物琳·马古利斯教授,她帮我深入地了解了共生关系以及共生起源——共生起源定义了共生关系在进化层面上的作用机制。我越来越相信,病毒并不是偶尔遵循着共生进化规律,这种规律在所有病毒与宿主之间的互动中都贯穿始终。病毒是典型的共生体。

自然选择是共同进化的一部分,它会在病毒和宿主这两个层面上选择有利于它们生存的进化。但是,从共生的观点来看,还有第三个层面的选择:从整个共生关系的层面上进行选择。我们一眼就能看出病毒会在这种共生关系中得到什么:宿主为病毒提供了自己的细胞和遗传机制,从而使病毒能够完成自我复制。那么,病毒又为这种共生关系带来了什么影响呢?

我们将在随后的章节中讲到,病毒能从多个方面影响这种共生关系,从而促进宿主进化成功。而且,很多病毒都有一个共同特点:它们能为共生关系的伙伴带来显著的优势。我们只需回顾一下自然纪录片中的常见情景,就能想起生物为了生存所经历的残酷斗争。在这种残酷的斗争中,病毒可能会对一切与其有竞争关系的生物(其他物种,更有甚者可能是同一物种的不同群体)发起攻击。

在上一章中,我们讨论了澳大利亚的兔黏液瘤实验。我会问自己,如果黏液瘤病毒不是在病毒学家的人工干预下进行传播,而是在其自然宿主(巴西兔)的介导下进行传播,那么会发生什么。答案显而易见:巴西兔和这种病毒现在可能已经占据了澳大利亚的生态系统。不过,我们正在见证另一场类似的竞争。红松鼠是英国的本土松鼠,灰松鼠是来自美国的外来物种,后者身上携带有痘病毒。痘病毒对红松鼠而言是致命的,如果当地不实行地理隔离,红松鼠就会面临灭绝的危险。在这种情况下,痘病毒给它的共生伙伴带来了显著的优势,而我们也再次见证了自然选择在灰松鼠与痘病毒之间的共生关系层面上所发挥的作用。松鼠和痘病毒与人类和新型冠状病毒一样,都遵循着"积极共生"的进化规律。

人类和动物的很多病毒性疾病都源于人畜共患病。例如,埃博拉病毒(蝙蝠)、辛诺柏病毒(鹿鼠)、拉沙病毒(啮齿动物)、狂犬病毒(蝙蝠)、流感病毒(水禽)、寨卡病毒(猴子和猿类)、黄热病毒(猴子)、人类免疫缺陷病毒1型(黑猩猩)、SARS冠状病毒和MERS冠状病毒(蝙蝠,可能涉及中间宿主,比如果子狸和骆驼)。人畜共患病的重要性就体现在,科学家可以通过研究野生动物病毒的多样性规律来预测未来的流行病趋势，从而帮助我们采取预防措施。我们从上文中可以看出，蝙蝠是丝状病毒和狂犬病毒的自然宿主。同时，蝙蝠还携带有亨德拉病毒和尼帕病毒，这两种病毒都是亚洲生物安全等级为四级的病毒，能对马、猪和人造成致命感染。那么，为什么我们要特别警惕蝙蝠身上的病毒呢？

蝙蝠与致命病毒高度相关的原因可能是蝙蝠的物种多样性（与其他哺乳动物相比）。但科学家得出了一个矛盾的结论。他们收集了所有能够感染哺乳动物的病毒信息，发现共有约586种不同病毒，这些病毒能够感染约754种哺乳动物。他们利用这些数据设计了一个系统，计算出了每种哺乳动物的"病毒丰度"。接下来，他们评估了每种病毒跨物种传播给人类的可能性。最后他们发现，不仅蝙蝠的物种多样性较高，而且每种蝙蝠平均携带17种病毒，这一数字远高于其他哺乳动物。因此，与其他哺乳动物相比，蝙蝠更容易携带具有跨物种传播能力的病毒。

同时，该研究小组也向我们保证，人类不用过分担心蝙蝠。人类很少能碰上蝙蝠，即使相遇，也是由于人类在狩猎或其他偶然事件中侵入了蝙蝠的生态系统。不幸的是，这与新型冠状病毒的可疑来源十分吻合。武汉的海鲜市场贩卖、屠宰野生动物,而中国医生发现,新型冠状病毒可能正是源于此处。但我们应该知道,蝙蝠和自然界中的其他宿主都不是最主要的问题,迅速增长的人口对林地和热带雨林等原始地区的入侵才是问题的关键,人类干扰了野生动物。例如,艾滋病源于非洲,是20世纪20年代人类猎杀黑猩猩所致。2002年的SARS是一种源于蝙蝠的人畜共患病,也是由亚洲人猎杀、食用该病毒的中间宿主果子狸造成的。现在,人们认为新型冠状病毒肺炎也遵循着类似的起源模式。

我们要知道,在1918年大流感暴发的时候,世界人口只有18亿。然而,现在有78亿,这对全球生态平衡造成了很大的影响。生物学家和生态学家目前正在记录大量灭绝的动植物,而人类对陆地和海洋的入侵是造成这些动植物灭绝的直接原因。如果仅仅从自身安全的角度上来讲,恶性病毒的暴发可能是人类需要承担的后果之一。新型冠状病毒肺炎的暴发就是一个警告,提醒我们不要傲慢地对待地球上的其他生命。人类生活在健康的生物圈中,与各种生物共享着地球,依靠它们为我们提供氧气,并从土壤和海洋中获得营养物质。如果我们想要解决气候变化、人口激增、自然入侵以及随之而来的新发感染和生态灾难等重大问题,就需要转变我们的思想,从政府和国际等各个方面入手采取行动。

― Chapter 13
善变的寨卡病毒

　　2016年，巴西里约热内卢如期举办夏季奥运会，不过，运动员们发现自己面临着意想不到的危险。寨卡病毒在奥运会举办前夕暴发，受到该病毒感染的孕妇分娩的婴儿会患有重度的生理缺陷。2016年年初，世界卫生组织就宣布全球进入公共卫生紧急状态。运动员们和大部分普通人一样，之前可能从未听说过寨卡病毒，但当该病毒登上了全球各大报纸的头条后，这种情况发生了改变。现在人们想知道，这个名字奇怪的病毒究竟是什么？它从哪里来？为什么会突然间引起了媒体的恐慌？

　　其实，寨卡病毒最早发现于1948年，当时，病毒学家在乌干达的寨卡森林里进行例行调查，他们采集了伊蚊属的蚊子，并把它们混合在一起进行检测，最终发现了寨卡病毒。然后，他们对当地居民进行了病毒抗体检测，结果显示寨卡病毒在当

时并没有造成人类感染。他们只是发现了一种新的传染性虫
媒病毒。

从生物学分类来讲，虫媒病毒并不是一个科，而是包括许
多不同科的病毒。虫媒病毒的共同特点是通过昆虫叮咬进行
传播，它们所造成的疾病在临床症状上也有很多相似之处。寨
卡病毒是虫媒病毒的新成员，具有潜在的危险性。虫媒病毒能
造成很多恶性疾病，比如黄热病、西尼罗河热和登革热。随后
的研究表明，虽然很多不同种类的伊蚊身上都能分离出这种病
毒，但雌性埃及伊蚊才是主要的传播媒介，它们在白天活动，并
需要吸食大量的新鲜血液才能产卵。寨卡病毒与其他虫媒病
毒相比似乎要温和很多。科学家在乌干达的首次研究结果表
明，寨卡病毒的自然宿主是森林里的猴子和猿类，而人类感染
似乎只是意外事件。当人类被感染后，只会出现轻微的发热和
斑疹症状，并伴有眼睛、关节、头部的疼痛。但是，寨卡病毒还
有一个令人担忧的特征。流行病学家调查了该病毒在当地人
群中的传播方式，发现它已经产生了进化，原本该病毒通过蚊
虫叮咬的方式进入当地人群，现在能够通过性接触、母婴和血
液的途径在人与人之间进行传播。寨卡病毒带来的后果远不
止于此。

很快，寨卡病毒就沿着赤道从非洲蔓延到了亚洲。直到

2007年，当它引发了密克罗尼西亚联邦雅浦岛上的流行病时，人们才关注到它，而在此之前的60年里，几乎没人注意到它。这场瘟疫感染了5000人，约占岛上人口的70%。它并不会危及生命，似乎在人群中传播几个月后就会逐渐消失。然而，寨卡病毒却从未真正消失过。2013年，寨卡病毒在法属波利尼西亚爆发，约有3万人感染了这种病毒。大部分感染者都表现为无症状，而临床患者的症状也相对较轻。后来寨卡病毒又以法属波利尼西亚为中心在其他7个岛国进行了传播，但是感染的人数较少，也没有造成死亡。值得注意的是，这次的病毒又发生了改变，它会给少数感染者带来严重的神经系统并发症。

这些并发症中有42例格林–巴利综合征，我们曾在人类疱疹病毒4型中见过这种偶发的末梢神经麻痹。这些患者需要长期住院治疗，其中12名患者的呼吸肌已经麻痹，需要借助呼吸机才能进行呼吸。由于长期瘫痪，约有43%的患者落下了终身残疾。现在寨卡病毒变得越来越危险。与此同时，该病毒正在不断地向东扩展，已经跨越了太平洋，并侵入了新喀里多尼亚、复活节岛、库克岛和印度尼西亚。2012年，澳大利亚和新西兰出现了第一例寨卡病毒患者。

2015年，寨卡病毒已经在巴西等南美各国流行。第二年年初，它又侵入了北美，很快，世界卫生组织就发布了寨卡病毒可能会蔓延到大部分美洲地区的警告。此时，寨卡病毒不仅能造成神经系统并发症，还能通过血胎屏障，损害胎儿的大脑发育。医学界权威对病毒的这个改变感到震惊。报纸头条上开始出现小头婴儿的照片。同年，寨卡病毒的性行为传播被美国正式记录下来。美国疾病预防控制中心针对前往疫情国家的美国人发布了旅行指南。该指南明确指出，目前并没有治疗寨卡病毒感染的有效药物。与此同时，他们还提出了一些降低感染风险的实用性建议，比如，考虑到寨卡病毒对胎儿的危害，建议孕妇最好推迟旅行。哥伦比亚、多米尼加、波多黎各、厄瓜多尔、萨尔瓦多和牙买加等国家的政府则是敦促妇女推迟怀孕计划，等到我们更了解这种病毒后再选择怀孕。

我们只需稍加仔细地了解一下寨卡病毒所属的黄病毒科，就知道医生为什么会这么恐慌了。黄病毒科的代表是黄热病毒，它的名字起源于拉丁语"flavus"，意思是"黄色"。黄色是指病毒会对肝脏造成损害，从而引起黄疸。从历史来看，黄热病是一种臭名昭著的传染病。非洲的热带和亚热带地区一直流行着黄热病、疟疾以及其他传染性疾病，因此，在欧洲的殖民扩张时期，非洲又被称为"白人的坟墓"。黄病毒科还有登革病毒（登革热）、基孔肯雅病毒（基孔肯雅热）。它们都以伊蚊为传播媒介。此外，西尼罗病毒、蜱传脑炎病毒、流行性乙型脑炎病毒、墨累山谷脑炎病毒、圣路易斯脑炎病毒等也都是由昆虫传播的黄病毒科病毒。

黄病毒科病毒相对较小,直径在37～65纳米之间,二十面体的衣壳外部还覆有一层囊膜。医学史上科学家分离出的第一种人类病毒就是黄热病毒。在人类还不知道伊蚊是病毒载体、也未研发出疫苗之前,黄热病是最致命的传染病之一。从历史的角度来看,黄热病毒通过奴隶贸易的渠道从非洲传到了南美洲,最后在两大洲流行起来。黄热病毒的宿主是灵长类动物,包括人类。它能造成非常严重的二次感染,对儿童或免疫力低下的人(比如糖尿病患者)来讲,即使是初次感染也可能是致命的。而且,目前的抗病毒药物对黄热病毒和寨卡病毒并没有什么效果。2013年,全球约有13.7万人感染黄热病毒,约有4.5万人因此而丧生,死者主要来自非洲。令人遗憾的是,原本通过疫苗接种就能阻止这场悲剧的发生。

2016年12月,演员托尼·加德纳向《泰晤士报》的记者卡亚·伯吉斯披露,他曾在拍摄BBC电视剧《天堂岛疑云》期间感染了寨卡病毒。同年,约有265名英国旅客也感染了这种病毒。对于病毒学家和从事公共卫生的医生来讲,寨卡病毒很善变,而变异后的寨卡病毒所带来的并发症也越来越严重,这导致他们需要应对源源不断的新问题。因此,他们再次对那些前往寨卡病毒流行地区的旅客发出警告。而2016年前往巴西的运动员们所面临的就是这种境况。

那么，运动员们该怎么办呢？

为了参加奥运会，他们已经准备了很多年，也许这一次是他们夺得奖牌的机会。考虑到许多女运动员都处在育龄期，相关部门需要警告她们，在当地怀孕会分娩出畸形的婴儿。电视上时常滚动播放着那些可怜的婴儿的照片，由于大脑发育不良，他们的上半部分头骨变小了。为了降低传染风险，巴西政府于2016年1月检查了奥运会场馆设施，并派遣了部分现场工作人员进行灭蚊清扫。按照计划，工作人员在奥运会期间每天都会用烟熏的方法对场馆进行彻底消毒，他们会选择合适的烟熏点，以免引起运动员和观众的不适。同时，英国等参与疫情控制的国家会不断更新出行指南，包括"蚊虫叮咬预防策略"。

起初，寨卡病毒只在猴子和黑猩猩身上小范围传播，仅仅是非洲热带雨林的一种地方性疾病，但一个世纪后它却变成了一种威胁全球人类健康的疾病。2015年1月1日到2017年3月1日，美国共有5000多名寨卡病毒感染者。大部分感染者都是从寨卡病毒高发地区返回的旅客，不过，得克萨斯州的6名感染者和佛罗里达州的215名感染者却是被当地蚊子叮咬而造成感染的。截至2016年8月，寨卡病毒已经遍布全球50多个国家。人们意识到是时候阻止寨卡病毒的大流行了。世界卫生组织和美国疾病预防控制中心的意见一致：首要任务是研发预防这种病毒的疫苗。2016年3月，许多医疗机构和私营企业都开始研发寨卡病毒疫苗。还有人采用了一些巧妙的生物学方法。

沃尔巴克氏体是一种共生细菌，能感染大量的昆虫，并对昆虫的生命周期产生特殊的影响。例如，沃尔巴克氏体会选择性地感染昆虫的生殖腺——只感染成熟的卵子而忽略成熟的精子。而且，被感染的雌虫只会将细菌传给雌性后代。这种细菌在幼虫的发育过程中会选择性地杀死雄性后代。即使被感染的雄性后代能够活到成年，也会变成不育的"假雌性"。某些昆虫（如赤眼蜂）甚至会变成孤雌生殖，即它们在没有雄虫的情况下，仅凭雌虫就能繁殖后代。一些观察者可能会开玩笑地说，这是女性终将解放的一种隐喻。

沃尔巴克氏体在通常情况下不会感染伊蚊，因此，我们很难用共生关系来解释寨卡病毒。但是，一旦昆虫感染了沃尔巴克氏体，就会降低虫媒病毒在昆虫体内的繁殖力，从而降低虫媒病毒对人类的感染率。为此，研究人员一直在进行实地实验，他们先用沃尔巴克氏体感染伊蚊，然后再将它们大量释放到虫媒病毒（如寨卡病毒）泛滥的生态环境中。目前，澳大利亚莫纳什大学的斯科特·奥尼尔教授和他的团队已经在利用沃尔巴克氏体开展疾病预防的领域中奋战了10年。

2016年3月,为了减少寨卡病毒带来的威胁,世界卫生组织允许该团队使用感染沃尔巴克氏体的伊蚊在巴西和哥伦比亚进行实地实验。

然而,寨卡病毒于2016年年底再次发生了变异,这种特殊的生态实验也被迫终止。突然之间,美洲的新增病例数量直线下降。同年,全球范围内的寨卡病毒感染率也持续下降。2016年11月,世界卫生组织宣布,虽然寨卡病毒仍是一个"非常严重的、长期存在的问题",但它现在已经不再是全球性的紧急问题。2016年,巴西的病例数量约为170 535例,到了2017年,1月至4月的新增病例数量减少了95%,因此,巴西政府宣布结束国家紧急状态。那些参加奥运会的运动员在巴西期间并没有感染寨卡病毒。相反,有7%的运动员感染了其他虫媒病毒,其中27人感染了西尼罗病毒和基孔肯雅病毒,2人感染了登革病毒。

为什么寨卡病毒会逐渐消失呢?

其实,这种变化可能并不是由病毒本身引起的,而是由病毒与宿主之间的相互作用造成的。我们应该提醒自己,病毒是一种共生体,而了解病毒进化的唯一途径是病毒与宿主之间的相互作用。世界卫生组织寨卡疫情应急委员会的主席大卫·海曼教授给出了可能的解释：由于感染寨卡病毒的人实在是太多了，人类的"群体免疫力"得到了提高，从而造成了寨卡病毒的感染人数下降。现在，让我们来回顾一下寨卡病毒的早期症状。如果说寨卡病毒有什么典型的特征，那就是它很善变，它所带来的疾病无法预测。海曼教授及时地警告我们，寨卡病毒实际上并没有消失。相反，它所入侵的地理范围正在不断扩大，并且它在拓展传播途径的方面也表现出了一定的威胁性。

我们在讨论病毒时应该时刻保持警惕，并耐心地观察和等待。

Chapter 14 —
新发感染的肝炎病毒

病毒性肝炎是当今人类所面临的最严重的疾病之一。这是一个全球性的问题，涉及很多不同的病毒。肝炎病毒的发现也是20世纪下半叶最引人入胜的科学调查之一，给流行病学和公共卫生的某些方面带来了彻底的改变。同时，疫苗的制备过程中也引入了新方法，比如，人类首次使用基因工程来生产疫苗。但是我们需要知道，当病毒找到靶器官肝脏时，它们会怎么做。肝脏是人体内主要的"生物工厂"，参与食物的消化、蛋白质的制造（凝血因子）、排毒（清除血液中的潜在毒素）和发热病毒的血源性反击等。同时，它也是病毒大规模复制的场所，不过，这并不能对它造成多大的损伤。病毒的靶细胞是肝脏的库普弗细胞，该细胞是网状内皮系统的一部分，负责应对外来入侵物，并引起免疫反应。肝炎病毒真正的攻击对象是肝脏的腺细胞，即所谓的"肝细胞"。

为了理解这一现象，我们应该知道，肝脏作为人体最大的腺体究竟是如何工作的。

　　肝小叶是肝脏的基本结构和功能单位。肝脏与心脏、肺一样，都是人体的重要器官，具有许多不同的功能。我们非常熟悉的"肝硬化"就是指肝细胞受到了反复且持续的损伤，从而使肝小叶严重受损。长期酗酒是造成肝硬化的常见原因之一。一旦相邻的肝小叶被破坏，并形成瘢痕，就会损伤肝小叶的精细结构，最终导致的结果必然是降低肝功能的效率。同样，肝脏遭受持续性的病毒感染也能造成肝硬化。

　　我们已经发现了一些能够感染肝细胞的病毒，比如疱疹病毒、巨细胞病毒和黄热病毒。现在，全球仍有五种不同的肝炎病毒在流行——甲型、乙型、丙型、丁型和戊型，它们的靶细胞都是肝细胞。这些病毒彼此之间并没有亲缘关系，能造成不同的疾病。医疗机构对每种病毒都有自己的看法，会检查其特有的分类学特性、解剖结构和传播模式，并利用这些知识来制定具体的预防措施和治疗方案。

　　甲型肝炎病毒（HAV）和脊髓灰质炎病毒一样，是一种小RNA病毒。我们知道，这是一种非常小的RNA病毒。在电子显微镜下，甲型肝炎病毒的结构与脊髓灰质炎病毒的非常相似，它们都能通过"粪-口"途径进行传播。甲型肝炎病毒非常小，直径约为27纳米。它属于小RNA病毒科的肠道病毒属（该属病毒主要通过"粪-口"途径进行传播），按照血清型被分为肠道病毒72型。甲型肝炎病毒与其他肠道病毒不同，很难在细胞培养物或实验室动物中进行培养，这是针对该病毒的早期研究过程中必须要攻克的问题。甲型肝炎也被称为"传染性肝炎"，具有极高的传染性，易感人群主要是儿童，该病的潜伏期为2～6个星期。甲型肝炎病毒虽然能够抵抗胃酸的消化分解，并在肠道内进行自我复制，但是它不会造成胃肠炎症状。在这里我们可以参考一下脊髓灰质炎病毒。甲型肝炎病毒在肠道内完成自我复制后就会进入血液，然后进入肝细胞造成肝炎。不过，甲型肝炎的临床症状很轻，很难引起人们的注意。该病的早期临床症状是腹部不适和发热，几天后会出现明显的黄疸。甲型肝炎很少会引起严重的并发症，几乎不会造成死亡。用科学术语来说，甲型肝炎病毒的"毒力"很低。

甲型肝炎病毒会随着患者的粪便排出体外，在水环境或潮湿环境中长期存活。因此，这种疾病好发于污水处理不当、不注重个人卫生的国家。全球每年的感染人数高达数百万。甲型肝炎的预防措施包括加强个人卫生、接种甲型肝炎疫苗或者通过人免疫球蛋白进行被动免疫。甲型肝炎相对比较温和，这与乙型肝炎形成了鲜明的对比。

乙型肝炎病毒（HBV）是嗜肝DNA病毒科的成员。它与甲型肝炎病毒一样，很难在实验室中进行培养，从而延后了它的发现。遗传学家巴鲁克·塞缪尔·布隆伯格曾偶然间在一位多次输血的血友病患者的血液中发现了一种神秘抗体。后来他发现，这种神秘抗体能够与澳大利亚原住民血液中的一种抗原相匹配，而该抗原是乙型肝炎病毒的一部分。直到此时，人们才发现了这种威胁生命的流行病，从而推动了乙型肝炎疫苗的研发。1976年，布隆伯格与病毒学家丹尼尔·卡尔顿·盖杜谢克共同获得了诺贝尔生理学或医学奖。盖杜谢克发现，库鲁病是由新几内亚岛原始部落的食人行为造成的。库鲁病的病因是异常蛋白质（朊病毒）的传播，同时，这种蛋白质还会造成牛海绵状脑病（俗称疯牛病）和克-雅病（俗称人类疯牛病）。

乙型肝炎病毒具有二十面体衣壳结构，外覆糖蛋白囊膜，属于DNA病毒。乙型肝炎病毒的传播方式与甲型肝炎病毒的不同，它并不是通过"粪-口"途径传播，而是通过血液或体液的接触传播，比如女性的宫颈分泌物和男性的精液。与此同时，乙型肝炎病毒的潜伏期也很长，一般为2～5个月不等。它在进入血液后就将肝细胞作为靶细胞，并进行大规模的复制，然后释放大量的子代病毒返回血液。那些未经治疗的感染者的血液具有极强的传染性——即使是万分之一毫升的血液也足以将病毒传染给另一人。这表明，乙型肝炎病毒可以通过皮肤或黏膜上的轻微擦伤进入体内，而男同性恋之间的性交、吸毒者共用针头或注射器等都能促进病毒的传播。

肝脏具有很强的自愈力，遭受重创后还能再生。不过，这需要完整的肝小叶，因此，它也非常脆弱。肝炎会导致肝硬化，并最终造成肝衰竭。对于乙型肝炎患者来讲，他们还有罹患肝癌的风险。

虽然自1982年人们研发出乙肝疫苗后，该疫苗表现出了高达95%的有效率并被全世界人民大力推广，但是据世界卫生组织统计，目前仍有约2.57亿人口感染了乙型肝炎病毒。仅2015年一年，全球就有88.7万人死于该病毒，其中大部分患者都死于肝硬化和肝癌等并发症。因此，这种病毒对各国人民来讲都很危险，而西太平洋的东南亚地区和非洲地区的感染率相对较高，约有6%的成年人都被乙型肝炎病毒感染。从全球范围来讲，乙型肝炎病毒和人类免疫缺陷病毒之间也存在一定的联系，约有7.4%的艾滋病患者同时也感染了乙型肝炎病毒。

乙型肝炎病毒感染与人类免疫缺陷病毒感染不同，前者没有具体的治疗方法，不过患者可以通过口服抗病毒药物来减轻病毒带来的慢性感染，延缓肝硬化，降低肝癌的发病率。

20世纪70年代，除甲型肝炎病毒和乙型肝炎病毒外，人们又发现了第三种能造成肝炎的病毒。该病毒最初被称为"非甲非乙型肝炎病毒"，后来人们发现它是一种新病毒，又将其命名为丙型肝炎病毒（HCV）。其实，丙型肝炎病毒属于黄病毒科，通过血液进行传播。它和黄病毒科的寨卡病毒一样，能够穿过孕妇的血胎屏障，感染子宫内的胎儿。令人好奇的是，丙型肝炎病毒的性传播风险非常低，而且它只能通过母婴传播。它和黄病毒科的其他成员一样，属于RNA病毒。丙型肝炎病毒颗粒相对较小，直径为55～65纳米。

丙型肝炎病毒与甲型肝炎病毒、乙型肝炎病毒一样，也具有类似的高度传染性，能够引起全球传播。一些权威人士认为，丙型肝炎病毒造成肝硬化和肝癌的风险可能要高于乙型肝炎病毒。2017年，美国的新发丙型肝炎患者数量与过去5年相比增加了两倍，因此，丙型肝炎成了美国最常见的血源性感染疾病。目前，约有20万英国居民感染了丙型肝炎病毒，他们在经历了数十年的无症状感染后，最终发展成为肝硬化。肝炎病毒在病理上存在一种特殊的关联：如果丙型肝炎患者同时感染了甲型肝炎病毒和乙型肝炎病毒，那么这可能会造成严重的肝炎。因此，如果丙型肝炎患者没有接种甲型肝炎病毒和乙型肝炎病毒的疫苗，医生就会要求他们进行接种。

虽然这种情况令人沮丧，但值得庆幸的是，当患者接受了干扰素和抗病毒药物的联合治疗后，血液中的丙型肝炎病毒数量可以下降到检测水平之下。英国卫生部门认为,这种直接治疗可能已经降低了英国丙型肝炎患者的死亡率。

丁型肝炎病毒(HDV)是一种微小病毒,属于丁型肝炎病毒属。该病毒不仅体型非常小,而且存在缺陷,即病毒自身不能感染人类。只有在乙型肝炎病毒存在的情况下,丁型肝炎病毒才能进行自我复制,因此,乙型肝炎病毒是它的"辅助病毒"。戊型肝炎病毒(HEV)在发展中国家较为常见,会造成类似甲型肝炎的疾病。同时,它的宿主很多,除人类外还能感染多种动物,比如家畜。戊型肝炎病毒所造成的疾病通常比较温和,并且具有自限性,但感染该病毒的孕妇会有罹患肝炎的可能性,甚至造成肝衰竭。该病毒有四种毒株:1型和2型仅分布于亚洲和非洲,4型仅分布于中国,而3型则分布于全球。最近,据英国报纸报道,人们在从欧洲进口的肉类中发现了这种病毒,而且,仅2017年英国就有数万人感染了这种病毒。在撰写本文时候,这些数据尚未得到英国政府或英国肝脏信托基金会网站的官方证实,但戊型肝炎的发病率似乎呈逐年上升趋势。

这些肝炎病毒都是"新发感染"的例子。新出现的病毒往往令人恐惧,并威胁着地球上的所有生命,恐怕人类也不例外。那些能够感染人类的病毒尤为危险,它们会侵入我们体内,并在我们的基因组中完成复制。

― Chapter 15
两性传染性癌变的幕后主谋：乳头瘤病毒

彼得·莱利爵士要为奥利弗·克伦威尔画一幅像，在画像之前，克伦威尔就对画家说："莱利先生，我希望你能运用所有的技巧将画像画得逼真，不要奉承我。请将我身上这些粗糙的毛发、丘疹和疣画得就像你看到的一样。否则，我一分钱也不会付。"医学界已经用同样的方式来关注疣以及它的意义。

"疣"的英文名"wart"源于撒克逊语的"warta"，似乎能恰如其分地形容这种丑陋的东西。大多数人都知道，疣从我们光滑的皮肤上长出来，就像很小的菜花头一样，让我们的手或脚变丑。它也会生长在一些私密部位。人类是脆弱的，会受到自身需求和欲望的驱使。生殖器疣通常是多样的，具有极高的传染性，好发于女性的子宫颈、外阴和阴道，以及男性的阴茎和肛周部位。令人苦恼的是，不论男女在某些情况下都有可能在口腔和咽喉处长出疣，不过，这种情况出现的概率较低。因为疣很容易观察到,所以自古以来患者和医生都很熟悉疣。德国内科医生丹尼尔·塞纳特于1636年根据拉丁语创造了"疣"的学名"verruca",指平坦皮肤上隆起的小山丘。生殖器疣的临床术语是"condylomata acuminatum",意思是"尖锐湿疣"。这个词源于古希腊的"湿疣",指关节或球形突出物,强调该病会自然增殖的特点。古希腊医师希波克拉底可能对该病的性交传染特性非常熟悉。

寻常疣可以通过与感染者的皮肤、衣物及其他物表接触进行传播。1907年,意大利医生朱塞佩·丘福首次发现疣在经过尚柏朗-巴斯德过滤器过滤后仍然具有传染性,从而证实了疣能够传染。后来人们发现,它是乳头瘤病毒。虽然人类很早就发现了这种病毒,但是由于缺乏合适的组织培养物来培养这种病毒,疣的病理研究推迟了大约60年。在此期间,人类仍然不停地被这种疾病折磨着,不幸的患者会面临早逝的风险。

我们对这些能够影响自身私密部分的疾病感到不安。但医生应该抛开与性行为有关的社会耻辱感或道德观,以客观的临床态度来对待这种疾病。子宫癌是女性最易罹患的癌症之一,尤其是那些影响子宫颈的癌症。希波克拉底对子宫癌也非常熟悉。这种病往往到了晚期才能被诊断出来,具有很高的致死率。19世纪中叶,意大利帕多瓦的外科医生里戈尼·斯特恩曾在一个偶然的机会中发现,修女患乳腺癌的概率与已婚妇女相似,但她们患子宫癌的概率却要低很多,这是人们对该病认识的另一个进步。考虑到修女往往是处女,人们推测子宫癌可能与性行为存在某种重要的联系。流行病学家后来发现性工作者更容易患宫颈癌,这进一步证明了子宫癌与性行为之间存在关系的推测。丈夫的性伴侣(包括妓女)较多的女性也易罹患子宫癌。

这些研究结果使人们开始不断地怀疑,子宫癌可能是一种传染性疾病。

虽然普通的临床检查不容易对子宫和子宫颈进行检查,但是,妇科医生还是找到了检查子宫颈的方法——检查阴道穹窿。1925年,德国学者发明了阴道镜,从而使得医生能够更仔细地检查子宫颈。现在医生可以对子宫颈的表皮及子宫内膜进行活检。随后,妇科经过几十年的长足发展,出现了检测宫颈细胞的巴氏涂片技术。

一位有魄力的妇科医生利用当时澳大利亚所盛行的时尚,在婚前对准新娘进行潜在的性行为困难的筛查。经当事人许可后,无症状的年轻妇女也可以进行宫颈细胞检查。这位医生对比了年龄相仿的处女的宫颈涂片和有过性交史的女性的宫颈涂片,结果表明,性行为确实与癌前病变的异常宫颈细胞有

148

关。19世纪60年代到70年代，流行病学的进一步研究表明，女性的宫颈癌、外阴癌和阴道癌，男性的阴茎癌、肛门癌，甚至某些患者嘴部和喉咙的癌症，都与性行为有关。这表明它具有传染性。越来越多的人认为，这些疾病可能是由病毒引起的。

究竟是哪种病毒造成了这一现象呢？人们对此持有不同的看法，不过，大部分人认为是疱疹病毒。我们在前面的章节中讨论过疱疹病毒，该科病毒较多，种类繁杂，能够引起包括生殖器感染在内的各种人类疾病，其中最常见的是与人类疱疹病毒4型相关的几种癌症。疱疹病毒就是元凶的怀疑似乎非常合乎逻辑。但是，并不是所有的病毒学家都相信这一说法。1976年，德国埃尔朗根-纽伦堡大学的病毒学家哈拉尔德·祖尔·豪森在《癌症研究》期刊上发表了一篇单页报告，反驳了大多数人的观点。祖尔·豪森认为，极有可能是造成尖锐湿疣的病毒引起了宫颈癌。他说："迄今为止，针对宫颈癌、阴茎癌、外阴癌和肛周癌的所有流行病学和血清学研究都完全忽略了尖锐湿疣。尖锐湿疣的生长位置、性传播方式、恶化数量以及致癌DNA病毒的特征，都显示出它的与众不同。"

致癌意味着诱发肿瘤。祖尔·豪森所指的"致癌DNA病毒"正是能引起寻常疣的乳头瘤病毒。但是，祖尔·豪森的观点直到30年多后才被证实。2008年，他与另外两位发现艾滋病病因的科学家弗朗索瓦丝·巴尔-西诺西、吕克·蒙塔尼，共同获得了诺贝尔生理学或医学奖。

那么，究竟什么是乳头瘤病毒？它是如何将寻常疣与致命的癌症联系起来的呢？

正如祖尔·豪森所说，乳头瘤病毒是DNA病毒。在DNA病毒中，它的大小适中，平均直径为55纳米。它和许多小型病毒一样没有囊膜，DNA被包裹在二十面体的衣壳中。我们需要知道，当病毒与人体的靶细胞相接触时，衣壳蛋白是第一个接触点。因此，当衣壳蛋白被识别为"非我"时，人体就会对病毒产生免疫反应。

在电子显微镜下，乳头瘤病毒呈球形，就像缩微版的高尔夫球。它属于乳头多瘤空泡病毒科的乳头瘤病毒属，该科还包括多瘤病毒属。这两个属的学名中都有"oma"一词——它与"carcinoma"是同一个意思，都是癌症的医学术语——这一点绝非偶然。这提醒着我们，两个属的病毒都会引起癌症。

我们知道，病毒在挑选宿主方面非常挑剔。它们的特异性包括病毒对宿主靶细胞的靶向定位，具体表现为病毒衣壳或囊膜与宿主靶细胞上特定受体之间的相互作用。乳头瘤病毒的靶细胞是皮肤的鳞状上皮细胞。其实，该病毒的特异性更强：它只能在主动"分化"（处在有丝分裂过程中）的鳞状上皮细胞中进行复制。

由于主动分化成层状的鳞状上皮细胞不能在传统的细胞培养物中生长,因此,人们最初在培养这种病毒时很难成功。此外,当我们试图了解乳头瘤病毒的致癌特点时,这种特异性就变得至关重要。有丝分裂是一个非常复杂的过程,涉及包括46条染色体在内的整个人类基因组的复制,读者朋友可以回想一下生物课上学到的内容。乳头瘤病毒会侵入细胞有丝分裂过程中并实现自我复制,这本身就令人匪夷所思。

人乳头瘤病毒(HPV)约有170种毒株,其中约有40种毒株可以通过性行为进行传播。它们会感染男性和女性生殖器部位的皮肤,有时也会感染他们的口腔。现在约有12种毒株与性相关的癌症有关,包括宫颈癌、子宫癌、外阴癌、阴道癌、阴茎癌、肛周皮肤癌和喉癌。这些部位都有鳞状上皮细胞。2002年,人们认识到了人乳头瘤病毒与相关癌症之间的关系,据流行病学家估算,当年全球约有56.12万例新发癌症病例是由人乳头瘤病毒造成的。

目前,人们仍在研究人乳头瘤病毒引起癌症的具体原因。人乳头瘤病毒感染表现为寻常疣时影响非常小,比如儿童患者往往都会自愈,但性传播造成的感染不仅病程持久,还会引起潜在的致命性疾病,这究竟是为什么呢?

　　其实，相关研究表明，大多数发生在子宫颈部位的人乳头瘤病毒感染与皮肤上的疣一样也会愈合，并不会造成重大疾病。这种情况下，我们认为是机体的自我防御系统抑制了病毒。但是，少数特定基因型的毒株似乎更易造成宫颈癌。其他造成病毒持续性感染的风险因素包括首次性交年龄过小、有多个性伴侣、吸烟和免疫力低下。这些危险毒株大多数情况下是通过性交进行传染的，但有时也会通过母婴传播。

　　世界卫生组织曾在10年前发布过一份报告，认为每年约有50万女性罹患宫颈癌。其中约有80%的病例都发生在发展中国家，那里的卫生资源较为缺乏，患者不能得到及时的治疗。2018年，医学期刊《柳叶刀》上曾发表过一篇文章，认为99%以上的宫颈癌病例都与人乳头瘤病毒感染有关，其中约有70%的病例都与人乳头瘤病毒16型和18型这两种特定毒株有关。现今，我们已经对这种病毒劫持分裂期鳞状上皮细胞引发癌症的机理有了更多的理解。

　　在处于分裂的细胞中，病毒的出现干涉了基因组的正常复制。这会造成宿主细胞DNA的错误复制。这种错误就是基因突变，会不可避免地遗传给下一代鳞状上皮细胞。一代代的鳞状上皮细胞都经历着同样的病毒干扰过程，因此，这种突变也在不断地积累。现在我们知道，这些积累的突变会造成癌症。

一旦量变达到质变，即使是运用我们与生俱来的基因防御系统也不能产生逆转，尽管现代医学中流行着这样的治疗策略。

不过，当我们了解了病毒的致癌原理后，就能更好地解决它。对于那些确诊的癌症，我们可以通过手术、抗有丝分裂药物和其他疗法（如放疗）来进行治疗。如果我们能够做到早发现、早治疗，那么这些疗法将更有可能取得成功——实现癌症的早诊断需要组织良好、高效的筛查项目。当然，最好的方法是预防癌症。因此，从一定程度上来讲，我们应该尽早在年轻人中宣传这一问题。人乳头瘤病毒引发的宫颈癌在2005年造成了全球26万人的死亡。大部分死者都来自发展中国家，而且据美国疾病预防控制中心估算，2017年约有7900万美国人感染了人乳头瘤病毒，并以每年1400万新增感染者的速度增长。同时，该机构还估算当年约有4210名美国妇女死于宫颈癌。有效治疗人乳头瘤病毒相关癌症的重点在于早诊断，不过，为了预防那些已知的人乳头瘤病毒高危毒株感染，让青年人接种疫苗也是一项亟须实施的策略。

十几年前，由病毒衣壳蛋白所制的疫苗就已经问世。2008年，英国对12～13岁的在校女孩进行了疫苗接种。2012年到2014年，超过86%的英国人已经接种了疫苗。2017年，苏格兰调查了人乳头瘤病毒在年轻女性中的感染率，得到的结果表明，当英国成功地开展了疫苗接种运动后，人乳头瘤病毒在英国的感染率下降了90%。苏格兰健康保护组织完全有理由预测，未来几年里英国宫颈癌的发病率将大幅下降。英国的人口统计学研究报告表明，少数民族女孩的疫苗接种率明显较低，其中，亚裔女孩的疫苗接种率最低。子宫颈的筛查率上也反映了相同的少数民族差异。因此，英国进行的人乳头瘤病毒疫苗的接种可能会扩大已存在的人乳头瘤病毒相关癌症发病率的种族差异。

加卫苗（又名加德西）是一种人乳头瘤病毒疫苗。2014年，该疫苗获得了美国食品和药物管理局的批准，成为美国男性和女性预防人乳头瘤病毒的疫苗。此外，美国还在该疫苗的接种问题上针对年龄、免疫缺陷水平和性倾向方面制定了具体的指导方针。虽然疫苗接种的不良反应相对较少，但不同州的疫苗接种率仍然不同，不过从整体上来看，美国的疫苗接种率呈上升趋势。对一些国家来讲，疫苗接种率较低会削弱疫苗的有效性，比如，欧洲宫颈癌发病率最高的国家是爱尔兰，2016年到2017年，约有半数符合条件的爱尔兰年轻女性拒绝接种预防宫颈癌的人乳头瘤病毒疫苗。这引起了爱尔兰卫生部门的关注，他们正在重振疫苗接种运动，以确保地方医疗机构能够保护爱尔兰女性的健康和生命。

　　同样重要的是，接种人乳头瘤病毒疫苗的另一个问题在于仅针对女性的疫苗接种不会消除人群中病毒的存在，也不会消除男性罹患相关癌症的风险。我们生活在一个开明的时代，病毒的性传播成为各种人际关系中的主要风险。正如许多国家所倡导的那样，我们应该在年轻人中开展教育工作，对他们进行有组织的早期疫苗接种，这样消灭病毒来源才能具有临床意义。

一 Chapter 16

巨型病毒

我们在前几章中讨论了病毒在各种人类疾病中所扮演的角色,并收集了一些有价值的见解——我们因与病毒共享这个星球而造成了感染。其中有个观点我一再强调,那就是病毒往往会让我们感到惊讶。当时我还是一名医学院的学生,第一次在电子显微镜下研究噬菌体,就对病毒的奇异之处留下了深刻的印象。不过,我做梦也没想到,有一天我们会在病毒的"小人国"里发现巨型病毒。

1992年,人们在变形虫体内发现了拟菌病毒,即使是那些经验丰富的微生物学家也对此感到震惊和难以置信。人们在研究社区获得性肺炎(军团病)时偶然发现了它。而发现者是正在寻找致病菌株的微生物学家团队,他们分别来自法国的马赛和英国的利兹。他们在英格兰北部的工业城市布拉德福德的一个冷却塔里发现了一种微生物——它与细菌大小相似,能用革兰氏染色法进行分类——并推测是一种新细菌。他们以发现地的名字将它命名为布拉德福德细菌，或者用科学术语来说是布拉德福德球菌。但是，他们在研究这种细菌时发现，它根本不是细菌，而是一种病毒——一种非常奇怪的病毒。首先，从病毒的角度来讲，它的确非常巨大，病毒衣壳的直径超过了400纳米。这个小人国里的巨人永远无法穿过尚柏朗－巴斯德过滤器。随着时间的推移，遗传学家发现它的基因组比普通病毒的基因组复杂很多，甚至比一些小型细菌的基因组还要大。

因为这种病毒像细菌，所以被重新命名为拟菌病毒。同时，它的发现也引起了微生物学家之间的辩论。这究竟是个特例，还是微生物学的新分支呢？于是，微生物学家开始在世界各地的水环境中寻找类似的巨型病毒。很快，人们便发现了越来越多的巨型病毒，而拟菌病毒只是一个先驱。这些病毒被归为巨型病毒属，包括智利巨型病毒、潘多拉病毒和海洋巨型病毒。后者是从墨西哥湾的海水中分离出来的，它主要感染以海洋细菌为生的原生生物。

"感染"对巨型病毒来讲只是一个非常近似的说法，就目前已知，没有哪种巨型病毒会寄生在宿主身上，并给宿主带来疾病或伤害。海洋巨型病毒与拟菌病毒的亲缘关系较远，其基因组中含有更多编码蛋白质的序列。原生生物是一种单细胞有核生物。原生生物的捕食过程是海洋和淡水生态系统中碳循环的重要组成部分，因此，海洋原生动物与巨型病毒之间可能存在某种共生作用。海洋微生物学家柯蒂斯·萨特尔这样说道："我们对病毒在这个系统中所扮演的角色几乎一无所知……但是，毫无疑问，这种病毒代表着一类主要的、未知的、但又具有重要生态价值的海洋巨型病毒。"

通常情况下，我们认为病毒的基因组非常简单，因为它们只能依靠宿主的遗传机制进行自我复制。但是，这些小人国里的巨人有多达911个蛋白质编码基因，这引出了关于病毒起源和进化的存在性问题。让-米歇尔·克拉弗里和尚塔尔·阿贝热尔是两位法国微生物学家，他们想知道巨型病毒的发现是否颠覆了病毒的定义，于是采用了各种形式的假设来推测病毒最初的进化方式。另一位法国微生物学家帕特里克·福泰尔在其论文《巨型病毒：重新审视病毒概念的冲突》中，也强调了这种打破传统思维的观点。他重新审查了近50年来流行的病毒起源论，指出了不同作者是如何根据自己对病毒起源的偏见来解释巨型病毒的重要性的，因此，这些观点在更广泛的微生物学领域乃至整个生物学领域内不可能形成共识。巨型病毒的发现无疑引起了轰动。

令人震惊的潘多拉病毒寄生在一种变形虫体内，而这种变形虫是在一名德国妇女的隐形眼镜中发现的。据报道，生物学家在潘多拉病毒中发现了第二种不同寻常的寄生生物——噬病毒体。它是一种更小的病毒，能够寄生在潘多拉病毒上。噬病毒体也被称为"Sputnik"，这个名字来源于俄罗斯的人造卫星。

人们仍在继续研究着巨型病毒。现在，它们被归为一个目，由许多不同的科组成。例如，以巴西的雷神之名命名的图邦病毒，它的直径超过了1微米。还有在奥地利克洛斯特新堡的一家污水处理厂的污水中发现的克洛斯特新病毒，它的体内含有蛋白质的组装结构。2017年，一个由病毒学家组成的团队发明了鸟枪测序技术，并筛查了不同生态系统中的巨型病毒，因此，他们被称为"巨型病毒的发现者"。后来，他们在南极洲干旱的山谷中发现了大量的巨型病毒，这令生物学家感到震惊。随后，该团队将他们的研究环境进行了扩展，检测了包括冷沙漠、热沙漠、苔原和森林在内的大量土壤样本，最终得出了结论："巨型病毒不仅会出现在水环境中，而且也会出现在土壤环境中。"

一些微生物学家认为，巨型病毒的出现模糊了病毒和细胞之间的界限。有些人认为巨型病毒来自细胞生命形式的第四域，甚至还对其做了界定。但是，对三种巨型病毒（拟菌病毒、

阔口罐病毒和潘多拉病毒）的遗传学研究发现,每种巨型病毒
都起源于小的、定义明确的DNA病毒科。这表明巨型病毒会
不断地从宿主那里获取大量的基因,从而实现自身基因组的扩
增。这个结论虽然让那些把巨型病毒视为细胞生命形式第四
域的人感到失望,但也证实了之前对巨型病毒和宿主之间存在
一种紧密的基因共生关系的猜测。

如今的生物学家仍在研究病毒的本质和基本作用,并且不
断得到新发现,我们将在本书后续的章节中讨论其中一部分内
容。如果没有别的情况的话,现在我们应该摒弃那些与病毒本
质相关的过时偏见,从现代进化生物学的角度上重新审视一些
重要问题。或许,我们应该从一个显而易见的基本问题开始:

病毒是什么?

人们曾经认为病毒是"基因寄生生物",但随着病毒研究
的不断深入,这个定义开始出现缺陷,因为它无法合理地解释
病毒与宿主之间的相互作用关系。法国微生物学家福泰尔和
普兰吉什维利提出一个新的观点:如果我们承认病毒的确是一
种不同的生命形式,那么应该将它定义为"衣壳编码生物",从
而与细胞生命形式的"核糖体编码生物"相对应。这看起来似
乎是一个合理的开端。为了真正全面地了解病毒以及它在生
命起源和生物多样性中所发挥的作用,我们越来越迫切地需要

在病毒进化的基本层面上对其进行研究。我们最好从进化生物学的先驱和奠基人查尔斯·达尔文开始。

当然，达尔文并不知道病毒的存在，可能也不知道任何有关现代遗传学或基因组学的知识，因为他所在的那个时代还没有发现DNA和RNA。但值得注意的是，达尔文在以自然选择为基础提出进化论时，便知道只有当某种遗传系统能够通过亲代传递给子代时，进化论才会奏效——在那个时代，人们将这种遗传称为"血统"。他很有先见之明地意识到，这种遗传具有一定的可变性。大自然只能在相互竞争的个体或群体中进行"选择"，而这些个体或群体又有一系列的遗传变异可供挑选。现在我们知道，遗传涉及体内的DNA信息，我们将其称为"基因"。然而，对于有性生殖的个体来讲（如动物和植物），这个过程会变得更加复杂，因为生殖细胞（卵子和精子）的形成过程涉及父母双方遗传信息的混合。这种来自父母双方基因的混合被称为"同源重组"，因此，除同卵双胞胎的基因型相同外，兄弟姐妹之间的基因型都不相同。

达尔文时代的自然主义者认为，有性繁殖在某种程度上类似于液体混合。他们还假设，物种内部由有性繁殖造成的变异在经历很长一段时间后就能形成一个新物种。但到了20世纪初，随着人们对基因和遗传学研究的不断深入，生物学家意识

到无论发生多少次同源重组,单个物种的遗传变异数量都不能
在该物种中形成新物种,换言之,新物种的进化需要更强大的
机制来改变遗传,仅靠同源重组是不能实现的——尽管地球已
经存在了数十亿年,但它仍需要足够强大的机制来实现我们今
天在世界上所看到的丰富多彩的进化。

如果我们从遗传学的角度来研究进化,那么很明显,进化
并不是从自然选择开始的。进化是以个体基因的变化为开端
的,其中一些变化使该个体在生存方面比同一物种的其他成员
更具优势。正如达尔文所想,这种基因变化的确能够遗传。这
种基因变化通过遗传在该种群中得以扩散,然后通过生存优势
整合到当地物种之中,最后进入物种的基因库。在改变物种基
因库的每一步中,达尔文的自然选择都将发挥作用,就像他多
年前所设想的那样。正是在一次次的自然选择过程中,这种基
因或基因组的变化得以保留,并从个体进入种群,再进入物种
基因库,从而推动进化。

现在我们知道,至少有四种可定义的、基因上可证明
的机制以这种方式改变遗传:突变(Mutation)、表观遗传变
异(Epigenetic variation)、遗传共生(Symbiogenesis)和杂交
(Hybridogenesis)。为了方便记忆,我们可以将这四种机制的英
文首字母缩写连在一起,即MESH。

我们在前文讨论流感病毒时遇到过突变。突变的定义是：在无性生殖的情况下，形成子代的DNA复制过程发生了错误；在有性生殖的情况下，形成生殖细胞的减数分裂过程发生了错误。体细胞的有丝分裂过程也可能出现类似的突变。因为体细胞的突变不影响生殖，所以不会遗传。但是，我们在乳头瘤病毒的讨论中看到，体细胞的重复突变是癌症发病机制中的一个关键过程。

对于遗传变异来讲，表观遗传变异是一个相对陌生、又很独特的来源，需要更多的解释。表观遗传实际上可以简单地理解为基因组中一组控制基因表达的独特机制。当胚胎还在母体的子宫内时，表观遗传机制就发挥了重要的作用——决定单个受精卵分化成各种不同的组织和器官，此后，它将一直在我们的正常生理机能中扮演重要角色。表观遗传机制的紊乱会造成新生儿缺陷和遗传病。我将在下一章中详细讲述遗传共生（又名共生起源），因此，让我们跳过它来讨论杂交。

我们曾在讨论流感病毒的起源时碰到了杂交进化，但是，病毒的杂交完全不同于动植物的有性生殖杂交（两个亲缘关系较近的不同物种之间通过有性杂交来实现进化）。那些不熟悉进化生物学的人可能会认为，如果两个物种的亲缘关系较近，那么它们之间可能只存在极少的遗传差异，比如，50万年前拥有共同祖先的两个物种。这个想法是完全错误的,因为它们在这50万年间会通过各种渠道产生许多遗传变化,包括突变。这种杂交造成了不同基因组之间的融合,使得后代的遗传多样性产生了巨大的飞跃。

过去,遗传学家推断,动物身上不会发生杂交,尤其是哺乳动物,因为他们认为这会造成子代染色体的倍增——形成多倍体。但是现在我们知道,如果杂交亲本在基因上没有太大的差异,那么杂交产生的子代将具有正常的染色体,这种情况被称为"同倍体杂交"。遗传学家近年来发现,从现代欧亚人的基因组来看,他们是其他亲缘关系较近的人类物种(如尼安德特人和丹尼索瓦人)杂交产生的后代。医学遗传学家最感兴趣的是这一发现:进化所需的遗传变化过程与人类疾病的遗传过程相同。

那么,MESH机制与病毒有什么关系呢?

病毒与细胞生物的进化机制非常相似。但是,它的进化速度比细胞生物快几个数量级。病毒的本质以及它与宿主基因组之间的共生作用,使其可能参与到MESH机制的遗传变化中,从而改变宿主的进化。从本质上来讲,这是一种共生模式的进化。接下来,我们将暂时离开病毒的这一显著特性,先来澄清病毒的本质。

Chapter 17 —
病毒是活的吗

2002 年，美国纽约州立大学石溪分校分子遗传学和微生物学系的教授埃卡德·威默在实验室里重建了脊髓灰质炎病毒。人们对这个实验众说纷纭。威默和同事们想要提出一个概念，甚至提出一个哲学观点：人们只要知道病毒的遗传"公式"，就可以重建它。他们甚至还写出了脊髓灰质炎病毒的化学分子式：

C332, 652　H492, 388　N98, 245　O131, 196　P7, 501　S2, 340

当然，病毒并不是一种简单的化合物，不能轻易地用原子构造出来。但这种方式具有一定的生物学和进化学意义，将化学物质、核苷酸水平以及编码结合在一起，为原本毫无意义的字母和数字序列赋予意义。因此，虽然威默教授看起来是在宣传脊髓灰质炎病毒是一种化学物质，但这并不是他真正的想法。当我问他病毒是活物还是死物时，他回答"是"，这个答案让人费解。

你需要稍微想一会儿才能明白他那堂吉诃德式的幽默。

2009 年，微生物学家莫雷拉和洛佩斯－加西亚提出了一个更加残酷的观点——病毒不是生命，并撰写了文章《从进化树上排除病毒的十大理由》。公平起见，我将他们的论点进行了归纳总结：

·病毒是基因寄生生物，在细胞形态的原核生物（真细菌和古细菌）出现之前，它们不可能存在。

·病毒是专性寄生生物，不可能离开宿主的细胞代谢，因此它们不是生命。

·病毒不能独立地进行自我复制。

·病毒不能通过自身实现进化，只能利用宿主细胞来完成进化。

·病毒通过"窃取"宿主基因来获得新基因。

·一些重要的病毒科属最初只是宿主基因组的遗传分支。

·综上所述，进化树上没有合适的位置能够安放病毒。

·病毒不是细胞，而生命只能从细胞的角度来定义，因此它们不是生命。

很明显，这是一些经过深思熟虑的观点，但我并不完全赞同。现在，让我从科学的角度来阐述一下我的观点。

该从哪里开始呢？或许，我应该从以下几点开始说起，它们似乎有着惊人的一致性。我赞同病毒不是细胞形式的生命，也赞同将病毒排除在进化树之外。但这并不代表我赞同他们的全部论点，相反，我持有平衡的观点。莫雷拉和洛佩斯-加西亚所指的进化树是专门从细胞的角度来定义的，这才会将病毒排除在外。我认为，虽然人们不能从细胞的角度来评估病毒，但是它们确实具有很多生命的特征。

病毒在宿主体外没有活性，不过，一旦它们进入宿主细胞，就具有了生命的特征。随着宿主免疫系统的激活，病毒开始为自己的生存而战，如果它们在战斗中得以幸存，就会利用宿主细胞的遗传生理进程来完成自我复制。因此，我赞同莫雷拉和洛佩斯-加西亚关于没有宿主和伙伴，病毒将无法完成生命周期的观点。但是，那些依靠宿主和伙伴来繁殖的有机体并不能被排除在生命之外。一些细菌也必须寄生在宿主的细胞质内才能生存，比如造成流行性斑疹伤寒的普氏立克次体。如果我们从更广泛的联系和依存关系来看，蜂鸟和它们的共生花朵不正是相互依赖的伙伴吗？花粉是蜂鸟的食物，而蜂鸟又帮助花朵传粉。蜜蜂不依赖花蜜吗？那些产花蜜的花朵不依赖蜜蜂授粉吗？对人类而言，我们不依赖光合生物制造的氧气来呼吸吗？不依赖植物和其他生物制造的必需氨基酸、必需维生素、必需脂肪和其他营养物质来维持生存吗？在自然界中，某种生物依靠另一种生物来获取生命基本要素的情况并不罕见：这是地球上大部分生物的生活方式。除了相对不太常见的自养生物之外（它们可以利用无机物维持生命），地球上所有物种的生存都依赖于其他生命形式。

接下来，让我们来检验一下"病毒只能在细胞生物出现后才能存在"这个说法的证据。我将在本书的后半部分提出这样一个论点：RNA病毒起源于RNA世界，远早于细胞生物的出现。有一种早期理论认为，病毒的进化是以预先进化的宿主细胞的遗传分支为开端。该观点的可信度非常低，因为病毒的大部分核心基因与细胞生物的基因并不相同。不过，这并不代表病毒在某些进化阶段没有从宿主处获得基因。即便如此，我们也将发现这是所有生命形式的共同进化特征，故不能借此来否定病毒。在随后的章节中，我们将会发现病毒在宿主基因组的进化方面以及在宿主生存与死亡的生命循环中所起到的至关重要的作用。基因交换和相互作用总是双向的。随着人们对基因的深入了解，再加上病毒基因水平转移的能力，实际情况要比莫雷拉和洛佩斯-加西亚提出的观点复杂得多。至于病毒在遗传和生物化学方面对宿主的依赖，其实也是一种基因层面上的正常共生关系。进化树上的很多共生体都涉及这样的相互作用。

病毒学家和流行病学家都承认，病毒具有明确的生命周期。它们在宿主的靶细胞中诞生，而这些特定细胞才是病毒的正常生态环境。在这里，病毒显示出了我们所期望的生物行为、病理过程和进化。它们利用宿主细胞的遗传或翻译机制来实现自身基因组的复制。子代病毒已经进化出一种生存形式，能够抛弃宿主并迁移到生态环境中，通过预先进化出的生存策略活下来，然后再寻找新的宿主。与病毒在宿主细胞外的惰性化学形式相反，该阶段的病毒更像种子，能够利用宿主的移动和各种行为模式来实现自身的广泛传播。就像种子一样，只有当病毒进入靶细胞的"土壤"环境时，才能完全发育。病毒和其他生命一样，也会死亡。抗病毒药物能杀死它们，此外，当它们暴露在不适的环境中或受到各种各样的物理伤害时，也会死亡。

越来越多的证据表明，病毒和细胞生物在进化史和生活史上是一种相互依存的关系，并不是以前那种简单的捕食者和猎物的概念。现在我们已经意识到，病毒和细胞生命形式的三域（细菌域、古菌域和真核域）自进化之初就已经交织在一起，形成了复杂的相互作用关系网。近二十年来,我们对病毒的认识和理解发生了翻天覆地的变化,同时也暴露了我们之前对病毒定义的缺陷以及对进化机制研究的不足之处。现在,让我们再来谈谈病毒是"基因寄生生物"这一过时的观念。

有关寄生的大部分定义都是指一种生物寄生在其他生物体内或与这种生物为邻,并给宿主带来一定的伤害。但是,如今我们可以发现这个定义过于狭隘,无法涵盖病毒与宿主之间的所有互动关系。我们应该采用"共生"的概念来描述病毒与宿主之间的复杂关系,这是一个更有意义、也更具包容性的定义。病毒和宿主之间有三种共生关系:一是寄生关系,即病毒在这种关系中损害宿主并获益;二是共栖关系,即病毒和宿主共存并不会损害宿主利益;三是互利共生关系,即病毒和宿主双方都从这种关系中受益。因此,我们应该使用更准确、更全面的"专性共生体"来取代"基因寄生生物"的过时定义。正如上文所提到的普氏立克次体,它是一种细菌,也是其宿主的专性共生体。病毒对宿主细胞的重要生物功能存在依赖,而细菌对宿主也存在同样的依赖,如果人们因此排斥病毒却又接受细菌,那么这不符合逻辑。

早期的进化生物学家包括新达尔文主义学派,他们强调自私的竞争才是进化的动力。自私的竞争虽然是一种强大的进

化动力，但并不是取得进化成功的唯一途径。生命不只是一场
血腥的厮杀：它还依赖于无数生物之间的相互作用，从生物个
体为生存而进行的夜以继日的斗争，到大自然中水、氧和碳的
循环。简单来说，如果土壤中的细菌消失了，或者昆虫灭绝了，
那么所有的生命都将就此终止。病毒在自然界的复杂漩涡中
究竟扮演着什么样的角色呢？它们是否从一开始就在地球的
生命起源和物种多样性中扮演了关键的角色呢？在接下来的
章节中，我们将会发现病毒的确在生命赖以生存的生态循环中
扮演着重要的角色。

我们知道病毒与细胞生物完全不同。许多病毒的基因组
都是由RNA构成的，并非DNA，而细胞生物则不会出现这样的
情况。所有的细胞都被包裹在细胞膜内。它们具有核糖体，能
够将基因转化为蛋白质。病毒没有细胞结构：病毒的基因组被
包裹在呈多面体或圆柱体对称的衣壳中，没有核糖体结构。法
国病毒学家福泰尔和普兰吉什维利曾提出，我们应该将病毒归
为"衣壳编码生物"，来区分与之相对的"核糖体编码生物"。
现在，让我们来解决莫雷拉和洛佩斯-加西亚提出的另一个
问题。

病毒是通过窃取宿主的基因来完成进化的吗？

令人遗憾的是，巨型病毒是生命第四域的说法似乎支持了

莫雷拉和洛佩斯－加西亚排斥病毒的观点。我对此表示同意，因为的确有证据表明巨型病毒从原生生物宿主的基因组中获取了大量的遗传信息，从而扩展了自身的基因组。我认为病毒是生物的观点并不依赖于巨型病毒。如果我们综观整个病毒学领域，那么，将会有大量证据表明病毒是通过正常的进化机制来实现自我进化的，而非从宿主那里窃取基因。相反，除巨型病毒外，很多情况下都是宿主借用病毒的基因。

那么，从现代生物学和进化学的角度来讲，我们该如何重新定义病毒呢？在此基础上，我会给出一个全新的定义："病毒是非细胞的衣壳编码的专性共生体。"

这一定义与现代数据库中病毒基因组研究的结论相一致，即自然界中只有少数病毒的基因来自宿主基因组。例如，参与病毒复制的蛋白质编码基因在RNA病毒和DNA病毒中是共享的，但在细胞生物中却没有发现这种基因。RNA病毒和DNA病毒的二十面体衣壳蛋白的编码基因也是如此。过去的生物学家认为许多病毒是其原核生物宿主的分支，如逆转录病毒和噬菌体，但现在的证据表明事实并非如此。逆转录病毒和噬菌体并非来自宿主基因组，它们有自己的进化谱系，这一点与其他生物一样。

有些人仅仅把病毒看作某种化学物质，还有些人脱离病毒与宿主之间的共生关系,孤立地去看待它们。无论如何,他们都会错过一个重要的观点,即病毒和我们一样都是经历了漫长而又极其复杂的进化轨迹后才出现的。病毒在宿主细胞外具有惰性,不过,一旦它进入宿主细胞,就会具有真正的生物特征。

了解病毒非常重要。除了我们已经看到的病毒对医学、兽医学和农业的影响之外,还有另一个同样深刻的原因促使我们煞费苦心地去了解病毒:病毒在宿主基因组内进行复制的行为不仅会给宿主带来疾病,还可能改变宿主的基因组,进而改变宿主的进化轨迹。最近,越来越多的研究表明,从地球的起源到我们现在所看到的生物多样性,病毒一直在生命的进化历程中扮演着重要的角色。为了探索病毒的作用,我们需要开阔视野,从更广阔的角度来看待病毒自身及其在自然界中的共生潜力。我们可以从昆虫学领域的病毒开始研究,这将给我们带来极大的灵感……

一 Chapter 18

病毒的共生圈

集盘绒茧蜂是一种寄生蜂,栖息在黄色或绿色的烟草天蛾毛虫身上。它能像外科医生一样精确,用注射器似的产卵器穿透烟草天蛾毛虫的表皮。我在课堂上给听众讲解这个场景时,会用激光笔把体型较小的深色寄生蜂和体型较大的猎物(烟草天蛾毛虫)进行对比。这似乎仅仅是一种简单的寄生行为,不过,如果我们扒开这层表象,看到寄生蜂会把卵注射到烟草天蛾毛虫体内这个让人毛骨悚然的事实,就会发现一切并不简单。如果寄生蜂直接将卵注射到猎物体内,那么这些卵将无法躲过烟草天蛾毛虫免疫系统的攻击,在孵化成寄生蜂幼虫之前就会被消灭。但是,这些卵上携带着一种微妙而致命的共生体——多分DNA病毒。这种病毒进入烟草天蛾毛虫组织后,就会阻止毛虫体内的细胞免疫系统攻击寄生蜂的卵。病毒还可以防止烟草天蛾毛虫蜕变成成虫,从而将毛虫变成寄生蜂的卵的孵化室。同时，多分DNA病毒还能操纵烟草天蛾毛虫的生化代谢，诱导它产生营养供寄生蜂的卵孵化成幼虫，最后，子代寄生蜂将会离开变成空壳的毛虫。

自然界中有两个科的寄生蜂能够与多分DNA病毒形成这种具有侵略性的共生关系，它们分别是茧蜂科和姬蜂科。寄生蜂有数以万计的不同种类，有些人甚至认为它们的种类数量多达数十万。达尔文曾给植物学家阿萨·格雷写过一封信，提到了这种残忍的寄生现象，并惊呼道："我无法说服自己相信，仁慈的、无所不能的上帝会创造出姬蜂这种生物，让它们以活的毛虫为食。"恐怖科幻电影《异形》的灵感可能就来自寄生蜂。现在，数万种乃至数十万种的寄生蜂和相对应的多分DNA病毒形成了共生关系，创造出了整个昆虫学领域中最成功的进化策略。

从人类的角度来讲，这的确有些残忍。不过，一些生物学家认为，这种行为有利于大自然的平衡，因为寄生蜂能够控制生物害虫，否则大量的害虫将会肆意破坏灌木和乔木。

我们可以在各种各样的昆虫身上看到这样的寄生灵活性，正如寄生蜂能够攻击处于不同阶段的昆虫，从卵、幼虫、蛹到成虫。例如，蛛蜂科的寄生蜂会捕食蜘蛛。一位研究专家说："这些蜘蛛既敏捷又危险，通常和蛛蜂一样大，但是，蛛蜂的动作更敏捷,在产卵前就能够迅速地刺入猎物,使其无法动弹。"哥斯达黎加的长角银腹蛛(属于园蛛科)引起了另一种寄生蜂的兴趣。这种蜘蛛是一种可怕的捕食者,但是,在寄生蜂和多分DNA病毒的双重作用下最终成了前者的食物来源。当长角银腹蛛被寄生蜂刺中并固定后,白色的寄生蜂幼虫就会进入到蜘蛛腹部,而蜘蛛则会在寄生蜂幼虫的不断生长和啃食过程中渐渐缩小。

昆虫与病毒之间的这种复杂多样的共生关系是在何时、用何种方式进化出来的呢?

遗传学家在研究这些多分DNA病毒的基因组时,发现了一段保守基因序列,这段序列在所有的多分DNA病毒中都存在。这表明当今这类共生生物的多样性始于同一个伙伴关系。遗传学家估计,这种原始关系大约出现在7400万年前。我们可能会对这种远古时期单个共生事件所造成的复杂性产生怀疑,但更令我们惊讶的是人类的线粒体——它是人类细胞质中的产能细胞器,能够让细胞代谢氧气——竟然是由一种需氧细菌和一种原生生物共生进化而来的,这种共生关系大约起源于20亿年前。随后,这种单个的遗传共生关系逐渐演变出现今地球上的所有需氧生物,包括动物、植物、真菌和原生生物(需氧单细胞有核生物)。

2004年，科学家对集盘绒茧蜂的多分DNA病毒基因组进行了测序，发现它是由30个环状双链DNA组成的。事实上，多分DNA病毒是一种很独特的病毒，其基因组由多个独立部分组成，并因此而得名。那么，我们对多分DNA病毒以及它与寄生蜂的积极共生关系知道多少呢？例如，当寄生蜂的产卵器刺入毛虫体内的那一刻，病毒如何才能覆盖到卵上呢？答案是病毒基因组已经整合到了特定寄生蜂的基因组中。

并不是所有的多分DNA病毒都通过这种方式整合基因组。在一些共生关系中，这种病毒只会感染寄生蜂卵巢附近的组织，当寄生蜂排卵时，病毒就会包裹住这些卵。但是，大部分的寄生蜂和多分DNA病毒都会形成基因组的结合，从而将两种完全不同的遗传谱系永久地融合在一起，这就是所谓的"共生功能体基因组"。

进化遗传学家认真地研究着宿主和病毒所形成的共生功能体基因组的作用原理。经过一系列令人困惑的复杂过程，病毒基因组先是通过"病毒包装系统"储存到寄生蜂卵巢的特定细胞（卵巢萼上皮细胞）中。接下来，两个不同科的寄生蜂所对应病毒的复制机制略有不同：茧蜂体内的病毒通过宿主细胞的破裂和死亡释放出来，而姬蜂体内的病毒则通过出芽方式从宿主细胞中释放出来。无论使用哪种遗传机制，最终的结果都是寄生蜂的卵还在雌性生殖道中时就已经携带了病毒。因此，当寄生蜂将卵注入毛虫体内时，这些卵上面已经携带好了多分DNA病毒。

这种病毒与昆虫相互作用的复杂性令人吃惊，但非常有效。生命的本质就是相互作用。正如前文所述，即使从全球范围来讲，这种相互作用也很明显，重要的元素会不断地参与循环。甚至连死亡也会参与到这种循环中，死亡的生物被降解成化学物质后，会为土壤或海洋生态食物链上的其他不同生物提供营养。

氮是地球生态循环中一个重要而又具体的例子。显然，单质氮是一种气体，占大气总量的78%。氮也是构成氨基酸、蛋白质和DNA的关键元素。对植物来讲，它是构成叶绿素的必要元素，而叶绿素又是光合作用不可或缺的一部分。不过，上述情况发生的前提条件是要将大气中的惰性氮气转化为复杂的含氮化合物。该过程需要依赖土壤中自然存在的根瘤菌。根瘤菌有鞭毛，运动性很强，它们会被豆科植物根部释放出的类黄酮所吸引，侵入根毛里，进而形成根瘤。接下来，它们会将大气中的氮气分子还原为氨（以铵的形式存在）。这是合成含氮化合物的第一步，而产物会被豆科植物吸收。作为回报，植物会为根瘤菌提供氧气和通过光合作用合成的碳水化合物，以满足根瘤菌对细胞呼吸和能量代谢的需求。这就是豆科植物与根瘤菌的共生原理，也是全球氮循环的重要组成环节。

不过，自然界土壤中的许多根瘤菌缺乏固氮结瘤的基因。早在1986年，新西兰的偏远地区曾进行过一项园艺实验，该实验的目的就是解释自然如何对这种情况采取补救措施。植物学家开展了百脉根的生长实验。百脉根是一种豌豆科开花植物，遍布欧亚和北非。虽然他们证实了土壤中含有大量的本地根瘤菌，但这些细菌都不能在植物根部形成根瘤。不过，当他们在百脉根的种子上覆盖了一层中慢生型百脉根根瘤菌后，当地的土壤问题便得到了解决。这引发了一个新的问题：这种疗法究竟是如何发挥作用的呢？

进一步的遗传实验表明，当地的非固氮根瘤菌已经从移植过来的中慢生型百脉根根瘤菌中获得了含有6个基因的"共生岛"，从而使固氮情况发生了转变。我们还在共生问题的解决方案中得到了另一个启示。"共生岛"从固氮根瘤菌转移到非固氮根瘤菌的过程得益于其固有的整合酶基因。其实，根瘤菌原本并没有整合酶基因，而是一种名为P4的噬菌体含有它。整合酶基因的存在事实证明了另一组关键的遗传共生关系——噬菌体与根瘤菌，这种共生关系在"共生岛"的进化过程中扮演着更早、更微妙的角色。

　　根瘤菌的故事还有一个令人愉快的转折。2014年，美国旧金山举办了谷歌科学博览会，3名爱尔兰女孩儿赢得了一项全球性的科学研究竞赛，她们分别是来自科克郡金塞尔社区学校的苏菲·希利－索、埃默尔·希基和席亚拉·贾奇。她们利用"自然细菌"来增加农作物的产量，因此获得了该项目15～16岁年龄组的冠军。2011年非洲之角的饥荒给她们带来了启发，促使她们开始想办法帮助第三世界国家提高粮食产量。为了研究自然根瘤菌的固氮情况，她们把席亚拉的家和花园变成了一个临时实验室，测试了数千种不同的植物种子，并观察种子在添加了固氮根瘤菌后会发生什么。通过系统的测量和观察，她们发现只需在土壤中添加根瘤菌，就能加速大麦和燕麦等高价值作物的发芽过程，将产量提高50%。

　　她们获得了5万美元（约合人民币34.7万元）的奖金用于后续的实验研究，还与《国家地理》杂志合作去加拉帕戈斯群岛展示她们的研究成果。她们的研究被列入理查德·布兰森的宇航员项目，还将参加未来的太空之旅。

Chapter 19 —

海洋生态：病毒的角色转换

1994年9月，在一个秋高气爽的日子里，我来到了美国纽约的洛克菲勒大学，拜访了当时的校长乔舒亚·莱德伯格。早在1958年，莱德伯格就是DNA研究领域的先驱，为人类理解细菌遗传学做出了卓越的贡献，并与爱德华·塔特姆和乔治·比德尔共同获得了诺贝尔生理学或医学奖。莱德伯格和塔特姆发现细菌能够进行有性生殖。

在此之前，微生物学家一直认为细菌遗传信息的传递是通过出芽生殖来实现的。如果真是这样的话，子代细菌都将是亲代菌株的克隆。莱德伯格和塔特姆发现，遗传物质可以通过"接合"过程从一个细菌传递给另一个细菌。这个过程等同于植物和动物的有性生殖，因为它涉及供体细菌和受体细菌之间的接触——供体细菌通过"菌毛"将遗传物质传递给受体细菌。细菌能够通过三种不同的机制获取新的遗传信息，这只是其中一种。第二种机制是"转化"，即细菌能够直接通过细胞壁吸收新的遗传信息。只有当细菌被破坏时才会发生这种情况，比如，细菌被病毒裂解了，它们的遗传物质将会被释放到周围的培养基里。最后一种是"转导"，即通过侵入细菌体内的噬菌体来引入新的遗传信息。目前，噬菌体和它们的微生物猎物之间的这种亲密关系开辟了探索地球生物圈奥秘的新时代。

当时，我正在调查新出现的鼠疫病毒，开始意识到病毒并不是大多数医生所认为的那种简单的基因寄生生物。我带着相关问题去洛克菲勒大学请教了这位该领域的权威专家。病毒是否应该被认为是与宿主相互作用的共生体，而不是简单的寄生生物呢？这是一次有趣的采访，莱德伯格教授很乐意地花费了大半个下午的时间来回答我的问题。他认为，至少从噬菌体和它们的细菌宿主方面来讲，病毒的表现有时与共生体一样。同时，他并不知道这是否适用于自然界的其他生物，但他鼓励我去调查验证。我接受了他的建议。我的探索结果是肯定的，病毒学的许多领域都证实了病毒具有共生行为。

莱德伯格和微生物学领域的早期工作者在研究过程中发现了一些重要的，甚至是令人震惊的证据，特别是莱德伯格等人发现的病毒学和遗传学之间的联系。现在有大量的证据表明病毒是终极共生体。病毒的本质迫使它们必须与特定宿主建立起共生关系——寄生关系、共栖关系和互利共生关系。例如，我们在澳大利亚的兔子身上所看到的黏液瘤病毒，一开始，该病毒与宿主之间是侵略性的寄生关系，但最后演变成了互利共生关系。早在1974年，莱德伯格就认为噬菌体与它们的细菌宿主属于这种共生关系。

海洋是一个重要的生态系统，它占据了地球表面积的71%。现在的研究已经发现，海洋中的病毒共生关系特别重要。而且，海洋生态是三维生态，对世界生存空间的实际贡献要比想象中的大很多。海洋生态中占主导地位的生物既不是凶猛的虎鲸、浅滩的金枪鱼或致命的鲨鱼，也不是那些五颜六色的珊瑚礁居民，而是一些简单生物，其中大部分都是本书前面描述过的原核生物，包括细菌、古生菌以及原生生物。海洋食物网络的基础正是这些数量众多的微生物。近十年来，微生物学家才意识到感染这些微生物的病毒也是生物圈的一个重要组成部分。随着进化生物学、遗传学、基因组学、宏基因组学和种群动态学等领域的发展，人们对病毒的认知不断更新进步，权威人士将这种新潮流称为"伟大病毒的回归"。人们开始意识到病毒既是进化树上必不可少的互动媒介，也是理解大部分生态系统复杂动态的关键。

如果我们想要解释病毒对海洋生态的重要性，就需要仔细地研究病毒与其细菌宿主之间的共生关系的本质。其中有两种非常不同的相互作用模式，即溶源循环和裂解循环。这两种相互作用都与病毒的复制有关，区别在于一种是温和的，而另一种则是极其剧烈的。当侵入细菌的噬菌体进入"潜伏性"溶源循环时，它会将自身的基因组整合到细菌基因组中，或者以环状"复制子"的形式存在于细菌基因组外的细胞质中。噬菌体在这一阶段的表现很温和，处于"原噬菌体"阶段，并没有进入病毒复制的裂解循环。与此同时，当细菌进行出芽生殖时，噬菌体的基因组也在复制，从而将原噬菌体遗传给子代细菌。但噬菌体依旧保持着裂解能力，随着时间的推移，一些刺激可能会诱导其进入裂解循环。

进入裂解循环的噬菌体会作为一个单独的遗传实体存在于细菌的细胞中，此时的病毒将不再依赖于细菌的繁殖，能够控制细菌的遗传机制完成自我复制。采取这种复制方式的病毒被称为"烈性"噬菌体。它们在细菌宿主中复制产生了大量的子代病毒，最后，细菌会走向死亡、破裂的结局，并将子代病毒释放到周围的培养基中，而这些子代病毒会继续感染周围的细菌。病毒复制、细菌破裂、释放子代病毒的这一过程被称为"裂解"，而这个周期被称为"裂解周期"。

情况偶尔也会变得比较复杂。例如，细菌有时会在繁殖的过程中甩掉噬菌体。不过，噬菌体已经进化出巧妙的策略来应对这种逃逸。例如，自然界中常见的P1噬菌体具有两个拮抗基因，能够采用一种名为"成瘾模块"的防御策略。其中一种拮抗基因能产生稳定的毒素，对细菌而言具有潜在的致命性；同时，另一种拮抗基因则表达为短效的抗毒素，用以中和毒素。如果细菌在繁殖的过程中成功地甩掉了噬菌体，那么短效的抗毒素很快就会失效，子代细菌就会暴露在致命毒素的作用下。最终，只有那些体内具有高操纵性病毒的细菌才能生存和繁殖。

现在，我们知道海洋中不仅有大量的细菌、古生菌和原生生物等微生物，而且有众多捕食它们的噬菌体。在过去的二十年里，我们逐渐意识到这些噬菌体与它们的原核生物宿主之间有着密切的相互作用，在海洋生态中扮演着关键的角色。2005年，柯蒂斯·萨特尔曾写过一篇关于这个新兴领域的综述，他认为："有生命的地方就有病毒。它们是生物死亡的主要原因，是地球化学循环的动力，也是地球上遗传多样性最丰富的存在。"通常，1升的表层海水中含有100亿到1000亿个病毒。我们完全没有必要对此感到惊慌，因为这些病毒大部分都是未经识别、也未被研究过的噬菌体，它们对人类没有任何兴趣。细菌、古生菌和原生生物在生物圈中扮演着至关重要的角色，它们将碳、氮和磷等元素固定为有机化合物。噬菌体只会感染这些微生物，再通过裂解循环杀死它们，使它们储存的营养物质进入海洋食物链。噬菌体的裂解循环在保持海洋生态平衡、防止有毒微生物大量繁殖、促进碳和其他营养物质进入微生物营养网络的过程中发挥着重要作用。

从人类的角度来看，这些永不停歇的生命循环似乎有些残酷，甚至有悖常识。但是，正如达尔文在一个半世纪前所提到的那样，大自然并不仁慈。我们只需反思日常生活就会发现，人类和地球上所有进行有性生殖的生命一样，都在同一个从出生到死亡的循环之中。现在，我们知道噬菌体是生物圈中最常见、最多样化的生物。据估计，地球上至少有10^{31}种噬菌体，比所有生物加起来还要多10倍到100倍。虽然这些病毒是微生物的捕食者，但它们在微生物的进化和海洋生态的平衡中也扮演着极其重要的角色。

通过对各种生态环境中的病毒的不断探索（包括人类肠道的缺氧环境），我们发现了很多之前从未见过的病毒，但尚不确定它们在各自的生态系统中扮演着什么角色。与此同时，我们开始质疑病毒在生态进化的最初阶段所扮演的角色，正如它们现今在相互依存的地球生态中所发挥的关键作用一样。

病毒在生命周期和基因组成上，与细胞生命形式的三域生

186

物有着本质区别。与此同时，病毒与每个层面上的三域生物都会发生相互作用，因为它们只有依赖于细胞才能存在。理解病毒共生本质的关键就是认识到这种典型差异的结合以及它们对细胞的依赖性。其实，病毒会劫持宿主的遗传和代谢途径，并非常灵活地操纵这些途径，从而有可能通过"遗传共生"的模式改变宿主的进化轨迹。病毒改变了宿主基因组，使细胞生物得到了进化，如果没有病毒的作用，就不会产生这种新的进化。

直到最近我们才提出"病毒圈"的概念，即病毒与宿主相互作用的结合带，包含所有的生态环境。但凡我们系统搜寻过的生态环境，最丰富的生物都是病毒。我们逐渐意识到病毒的遗传多样性（包括不同病毒基因和基因序列的数量），可能会超过所有细胞生物遗传多样性的总和。目前，科学家对分属于四个不同区域的海洋病毒圈进行了宏基因组分析，结果表明这些生态系统中的大多数病毒序列与当前基因数据库中的已知序列不同。病毒遗传多样性非常高的事实表明，地球上存在着几十万种未知病毒。有关病毒共生作用的最新研究发现，一些病毒推动了蓝藻的进化，而参与光合作用的蓝藻对海洋的能量循环和氧气的生产制造来说至关重要。

目前，大部分海洋病毒的研究样本都是表层海水。这些研究表明,病毒在每份海水样本中都是数量最多的生物有机体。但是,人们对病毒在深海生态系统中的存在和作用知之甚少。2008年,国际海洋科学家小组公布了一份病毒对深海生态系统影响的研究报告,证实从海洋表层水到深海沉积物,每层都有大量的病毒存在。随后的实验表明,自然界中99%的病毒感染都会进入裂解循环,包括底栖生物层甚至是深海沉积物层。这种"杀戮循环"随处可见。

现在,人们对海洋生态中病毒的研究还处于早期阶段,但很明显,病毒在海洋地球化学循环中起着重要的基础作用。这就引出了下一个问题:病毒仅仅在海洋中发挥重要的生态作用吗?

Chapter 20 —

病毒圈

2006年，奥地利维也纳举办了国际共生协会世界会议，我参与并负责其中半天的讨论，主题是"作为共生体的病毒"。这是该协会首次提出这一主题，著名的病毒进化学家路易斯·维拉里尔教授主持了这次会议。与会者还有美国植物病毒学家玛丽莲·罗斯克教授，当时她在俄克拉荷马州阿德莫尔的塞缪尔·诺贝基金会工作。在听到主题是病毒共生的扩展领域时，与会的非病毒学家们感到有些惊讶，不过，他们支持我们对病毒学所做的贡献，也对病毒共生关系的复杂性有所担忧。

一年前，罗斯克教授曾给我发过邮件，她对我在《达尔文的盲点》一书中提出的观点很感兴趣。我在这本书里对比了进化论中新达尔文主义观点和共生观点的异同。罗斯克教授在电子邮件的末尾还附了一篇她为《自然综述》期刊所写的评论。这是一篇非常有趣的文章，她比较了两种理论方法在新病毒进化方面的异同。最后,她得出结论:这两种机制都能产生新病毒,但共生起源是所有进化事件中最有可能的进化模式,能造成新物种的快速变化或形成。该评论发表于2005年12月。

2007年,罗斯克教授和同事们在美国怀俄明州的黄石公园进行了一项创新性的野外实验。植物学家已经证实了许多与植物有关的共生关系,如侵入植物组织的某种真菌有助于特定植物在干旱、高温的生态环境中生存。真菌和其他生物一样,都容易受到病毒的感染。最近,研究人员重点研究了黄石公园地热土壤中的一种热带草(*Dichanthelium lanuginosum*)和它的内生真菌(*Curvularia protuberata*)。之前的实验表明,无论是植物还是真菌都不能在38℃以上的土壤温度中独立生存,但它们形成共生关系后就可以在高温土壤中茁壮成长。谁都没有想过那里会有病毒存在。现在,研究人员在筛查植物-真菌共生体的基因序列时发现了一种未知病毒。这增加了共生关系中存在第三个参与者的可能性——一种能够帮助植物和真菌在干旱的生态环境中生存的共生病毒。

研究人员去除这种病毒后发现,真菌不再能够给植物带来耐热性;当他们在共生关系中重新引入病毒后,植物又恢复了耐热性,这证实了病毒的共生本质。于是,他们发表了一篇题为《植物内生真菌中的病毒:耐热性所需的三方共生》的文章。

一年后,该组的研究人员扩大了研究范围,通过实验观察许多不同品种植物在接种四种不同病毒后的耐旱情况。最后,他们认为病毒不是"专性基因寄生生物",而是细胞内的"专性共生体"。

最近,罗斯克教授和同事们已经开始利用宏基因组技术来探索植物中的病毒。2011年,一篇题为《巨大的未知:植物病毒的多样性》的论文预测,全面的筛查研究能够充分揭示植物病毒的多样性,这将远远超出我们目前的认知。同年,另一组病毒学家也发表了一篇令人震惊的文章,概述了"原核生物病毒圈"的情况。他们首先肯定,在过去的几年里,原核生物病毒的主流观点已经从实验室走出,并转变了我们对主要生态系统和地球生物圈的思考方式。现在看来,真菌和古生菌与病毒之间的相互作用可以追溯到地球上细胞生命的起源时刻,并在数十亿年的时间里始终扮演着至关重要的生态角色。

这些博学的科学家是如何得出这样具有开创性的结论的呢?

首先,微生物学家知道地球上原核生物病毒的数量非常庞大。哪怕是使用测量海洋病毒的方法也可能会低估地球上的病毒总数,因为测量海洋病毒的方法只筛选了一种最容易测量的病毒——噬菌体。测量海洋病毒的方法排除了许多寄生在细菌和古生菌内的噬菌体，同时忽略了嵌入细菌和古生菌基因组中的"原病毒"。其他的研究团队（包括微生物学家和生物技术专家）已经将相同的实验方法扩展应用到了土壤上，以筛选土壤中的病毒。

在此之前，大多数植物病毒学家的研究重点是病毒对植物病害和对农作物产量的影响。2005年，来自美国特拉华大学和田纳西州的植物土壤学家研究了特拉华州六种不同生态系统中土壤病毒的丰度和多样性。最后，他们确认每克干土中含有数十亿病毒，这表明土壤病毒的丰度与海洋病毒的丰度相似。而且土壤中的病毒群落与海洋中的病毒群落相似，都以噬菌体为主。他们还发现森林土壤中的病毒丰度比农业土壤中的病毒丰度高，于是推测病毒数量与细菌丰度、水分和有机物质含量有关，与任何特定的土质无关。然而更令人吃惊的是，在生物相对较少的南极山谷里，每克干土中的病毒数量竟高达数亿，病毒的丰度也非常高。

这让我们联想到了巨型病毒。

到目前为止，微生物学家已经意识到了这些未知的病毒-微生物共生体在多种生态系统中的重要性。在完成南极科考的一年后，他们发表了一篇综述，评估了沿海环境中病毒种群循环促使20%～100%的细菌种群进行更替的生态重要性。这似乎与病毒对海洋深处细菌的裂解有关,而裂解过程促使关键元素(如碳、铁)和其他微量营养物质从细菌转移到同一环境中的原核生物体内。目前,人们对土壤病毒的重要性知之甚少。威廉姆森等人对不同环境土壤的研究结果表明,尽管水环境在地球上占主导优势,但土壤环境中的微生物丰度和多样性很可能高于水环境。

2017年,威廉姆森等人发表了一篇题为《土壤生态系统中的病毒:一个未知领域》的综述,强调我们不仅严重低估了土壤病毒的多样性,而且也不清楚病毒对土壤生态系统的影响。两年前,罗斯克教授曾得到同样的结论:我们要在植物病毒的宏基因组研究方面取得进展。

现在,科学家对各种水环境中的病毒种群进行了宏基因组研究,包括人造湖、南极湖、切萨皮克湾、水产养殖系统、黄石公园的温泉和海底热泉,并得出了有趣的结论。同样,宏基因组技术也扩展应用到了对不同土壤环境的研究中,包括南非的开普自然保护区、秘鲁的雨林、美国加利福尼亚州的沙漠和堪萨斯州的草原,以及日本和韩国的稻田。相比之下,如果就人类病毒组的生态环境而言,研究人员似乎正在探索有限的领域。

人类的身体是一个移动的生态环境,随着我们的日常生活和旅行而不断变化。虽然许多人并不愿意把自己的身体看作生态环境，但这对我们的健康和幸福来讲至关重要。在这种由个人构成的生态系统中，最神秘的参与者也许就是那些潜伏在我们体内某处的病毒，比如单纯疱疹病毒、水痘–带状疱疹病毒、人类疱疹病毒4型和巨细胞病毒，这些病毒似乎会终生陪伴着我们。还有本书在前几章中提到的微生物群系，它们一般出现在皮肤上，特别是较潮湿的区域，比如腋窝、腹股沟、鼻腔、口腔、女性阴道、生殖道以及肠道。肠道是人体中最大、最显眼的微生物生态环境：大肠和结肠中充满了各种各样的微生物，它们为人类的健康做出了巨大的贡献。

结肠中微生物的数量约为100万亿。鉴于对地球上各种生态系统的认知，我们自然而然地就会想到，结肠内的微生物肯定也吸引了大量的病毒。寻找结肠病毒最简单的方法就是检测粪便。健康人每克粪便中微生物的数量约为1000亿。这些微生物主要是细菌，但也包括古生菌和原生生物。虽然人们对结肠微生物的病毒组分研究还处于早期阶段，但科学研究已经证实这是一种动态的共生关系。

科学家对人类病毒组的研究还处于早期阶段，不过我们已经知道健康的结肠中存在大量的噬菌体，其中多数噬菌体的基因序列对任何一个已有的基因数据库来讲都是未知的。这些病毒被称为"病毒暗物质"，尚且没有任何威胁。因为没有人去研究它们，所以到现在为止，这些病毒仍保留着神秘的面纱。我们自出生后不久就与这些细菌和相对应的共生病毒健康和谐地生活在一起。目前，科学家也采用了宏基因组的方法对这些病毒进行分析。同时，他们也开始研究特定的病毒种群是否与人类的健康、疾病有关。

其中一项研究旨在寻找结肠病毒与饮食变化的联系。初步的研究结果表明我们每个人的病毒组都是独特且长期稳定的，与此同时，生活在相同饮食条件下的不同个体具有较为相似的病毒组，这表明饮食的确会影响人体病毒组的构成。

还有一些研究利用了粪便移植。关于这方面的实验有很多，主要研究粪便移植对结肠病毒组的影响。例如，有报道称这种方法在治疗艰难梭菌造成的肠道复发性感染上取得了一些成就。粪便移植也曾用来治疗儿童溃疡性结肠炎，但似乎疗效短暂。和地球上所有的生命一样，我们生活的生态系统中充满了病毒。简言之，地球生物的不断进化与病毒关系匪浅。人类和所有细胞形式的生命一样，生活在病毒圈中。病毒与海洋、土壤和人类身体的内部生态环境之间的共生作用有助于我们了解地球生命的历史，也有助于提高物种的多样性，推动生物的持续进化。

有一种特殊的病毒与人类的进化轨迹非常相似。

一 Chapter 21

逆转录病毒：有胎盘类哺乳动物的起源

人类自经历了天花病毒后，又在20世纪遇到了另一种极度危险的病毒——人类免疫缺陷病毒1型（HIV-1）。这种病毒会造成获得性免疫缺陷综合征（AIDS），也就是我们常说的艾滋病。同时，我们也知道人类免疫缺陷病毒1型来自哪里，它与黑猩猩身上的猿类免疫缺陷病毒（SIV）密切相关。人类免疫缺陷病毒1型和猿类免疫缺陷病毒都属于逆转录病毒。换句话说，它们都是RNA病毒，也都有自己的病毒酶——逆转录酶。当病毒感染宿主的靶细胞后，这种酶能将RNA基因组转化为相对应的DNA模板。正如我们常在病毒感染中所看到的，人类免疫缺陷病毒1型的靶细胞就是参与免疫反应的T淋巴细胞。人类免疫缺陷病毒1型与T淋巴细胞表面的一种特殊的CD4受体结合，这种受体能将病毒囊膜与细胞膜融合在一起，促使病毒基因组进入细胞内部。人类免疫缺陷病毒1型此时利用其逆转录酶,将RNA基因组转化为DNA,再插入T淋巴细胞的染色体中,使其成为生产子代病毒的模板。宿主染色体内的这种病毒模板被称为"原病毒"。原病毒指挥细胞的遗传机制制造子代病毒,并将其释放到周围组织中,这些子代病毒最终会进入血液,并在其他T淋巴细胞中一次次地重复上述复制过程。有时,这种病毒的宿主范围会扩大,所有拥有CD4受体的细胞都会成为靶细胞,包括其他淋巴细胞、巨噬细胞、树突细胞和脑细胞。

未经治疗的艾滋病在全面发病时会对患者的免疫系统造成巨大的损害。一些普通的微生物感染就会引发危及生命的二次感染,比如,巨细胞病毒、弓形虫、念珠菌、单纯疱疹病毒和其他微生物通常不会给那些免疫系统完整的人带来致命伤害,但对艾滋病患者而言却是极度危险的。另一种并发症是卡波西肉瘤,它会影响皮肤和内脏器官。艾滋病的起因曾经一直是个谜,直到1983年法国巴斯德研究所的吕克·蒙塔尼耶和弗朗索瓦丝·巴尔-西诺西揭开了谜底。

像人类免疫缺陷病毒1型这样的病毒并不是凭空产生的。新出现的病毒都有自己的来源,直接原因通常是人类侵入了自然界中病毒与宿主之间长期存在的共生循环。我们认为人类免疫缺陷病毒1型是通过感染猿类免疫缺陷病毒的黑猩猩跨

物种传播而来的。毒性较弱的人类免疫缺陷病毒2型可能是从
黑眉猴身上跨物种传播而来的,黑眉猴也是猿类免疫缺陷病毒
的宿主。病毒很少会给这两种动物宿主带来疾病,这一点并不
奇怪。

这些来自热带雨林的病毒究竟是如何从黑猩猩和猴子身
上传染给人类的呢?

最有可能的原因就是狩猎。因为当地的非洲人有猎杀
猿猴的习俗,所以可能会接触到感染了免疫缺陷病毒的猿猴
血液。病毒很可能通过狩猎者皮肤上的伤口进入人体内部。
1999年,研究人员在黑猩猩体内发现了猿类免疫缺陷病毒的
一个毒株(SIVcpz),它的基因序列与人类免疫缺陷病毒1型几
乎完全相同,至此,这种病毒的物种交叉传播模式得到了证实。
研究人员还追溯了人类血液中人类免疫缺陷病毒1型的祖先,
并证实第一例病毒感染者很可能是居住在刚果民主共和国金
沙萨市的男子。最后,他们推测这种跨物种传播发生在20世纪
20年代早期。20世纪60年代,一些在刚果民主共和国工作的
海地人回到了自己的家乡加勒比岛,艾滋病也随之传入了海地
共和国。

随后的几十年里,艾滋病开始在美洲、欧洲蔓延,最终遍
布全球。此时的人类免疫缺陷病毒1型已经进化出很多不同的

毒株或亚型，它们的传播方式各不相同，比如男同性恋、非法注射毒品、性行为或母婴传播。截至2016年，主要毒株M已经感染了约7500万人。2016年约有100万人死于艾滋病，相较于1997年全球艾滋病死亡人数的峰值330万，情况得到了很大的改善。

如今，人们采取了多种方案，包括高效的监测机制、性伴侣和家庭成员间有效的预防性措施、多种特效药物的联合治疗，艾滋病不再是必死性疾病，可以被"功能性"治愈。不过，如果治愈的概念是从患者身上根除病毒，那么这并不是完全治愈。2016年，全球仍有3670万人感染了人类免疫缺陷病毒1型，其中男女患者的比例大致相同。究竟需要多久才能找到理想的治疗方法？目前我们仍不确定。人类免疫缺陷病毒1型不仅外观微小，而且基因组也很小，但它对于治疗却表现出了非凡的抵抗力。人们不禁要问，病毒是如何逃过现代综合性治疗方案的重重障碍并在长达30年的抗病毒战争中存活下来的呢？

我们可能对病毒的持续存在感到费解。人类强大的免疫系统能检测到首次进入机体血液和组织的人类免疫缺陷病毒1型吗？就像我们在鼻病毒、诺如病毒以及注入兔子体内的噬菌体中所看到的那样，当免疫系统检测到致病微生物后，机体会利用抗体和各种免疫细胞来消灭它们。那么，人类免疫缺陷病毒1型与免疫系统的战争有什么不同呢？

逆转录病毒是一种非常古老的病毒，在哺乳动物出现之前就已经存在，甚至比化石中发现的最早的脊椎动物还要古老。它们有大量的时间来"训练"自己，以巧妙地躲过宿主的免疫防御。人类免疫缺陷病毒1型采用的一种策略就是把自己隐藏在一件由我们自身机体分子构成的"隐身斗篷"里，这样它就不会被人类的免疫系统识别为"外来异物"。它能大规模流行的另一个关键性原因就在于病毒的突变能力。逆转录病毒和所有RNA病毒一样，具有极强的突变能力。1985年，也就是艾滋病被诊断出来的5到6年后，患者体内病毒的囊膜基因序列与最初的基因序列相比，已经产生了12%的变异。6年后，美国佛罗里达州艾滋病患者体内的病毒出现了19%的变异。每位患者体内的人类免疫缺陷病毒1型产生突变的速度都非常快，因此，主要毒株在个体的感染过程中已经发生了变化。从某种意义上来说，每位患者都有自己的毒株，这些毒株都不是单一的病毒基因组，而是一群亲缘关系非常近的病毒，同时，毒株之间也进行着疯狂的变异和激烈的竞争。

此外，人类免疫缺陷病毒1型和2型并不是首个折磨人类的逆转录病毒。人类基因组相关研究发现，逆转录病毒早就一次次地袭击过我们的祖先。它们甚至感染过我们的灵长类祖先，而每个祖先都可以追溯到脊椎动物的起源时期。坦率地讲，逆转录病毒的进化意义非同一般。为了理解这种进化意义，我们需要知道逆转录病毒是如何在宿主靶细胞中实现自我复制的。

如前所述，逆转录病毒先是利用逆转录酶将RNA基因组转变成DNA序列，然后再利用病毒自身的"整合酶"，将DNA序列插入靶细胞的染色体中。这些插入靶细胞基因组中的逆转录病毒基因能够作为"原病毒"编码子代病毒。当逆转录病毒在新宿主中流行时，病毒会使用完全相同的策略将它们的基因组插入宿主生殖细胞（卵细胞和精细胞）中。一旦发生这种情况，插入的病毒基因组将会和其他基因序列一样在该物种的后代中遗传。从遗传学的角度来看，逆转录病毒基因组的相互作用非常强大。

我们可能想知道插入宿主染色体中的病毒基因组会对感染物种的未来进化带来什么影响。但我们首先需要明白这些病毒与宿主是共生功能体。病毒还进化出了能够操纵宿主生理机能和遗传机制的功能。生殖细胞内的病毒基因和长末端重复序列（LTR）将会具有改变宿主未来进化的巨大潜力。这是"基因共生进化"的一个主要例子。我们目前正在通过观察澳大利亚考拉逆转录病毒的行为来研究逆转录病毒是如何将基因组插入宿主细胞中的。

一个多世纪以前，一种逆转录病毒发生了跨物种传播，从啮齿动物身上传到了考拉身上，并在澳大利亚造成了大范围感染。这种疾病与人类艾滋病一样，能够通过性行为进行传播。我们可以追踪它的传播轨迹：澳大利亚东北部的考拉几乎都被感染了；沿海地区约有三分之二的考拉被感染；南部约有三分之一的考拉被感染；而一个多世纪以前被人们引入东海岸袋鼠岛的考拉却没有被感染。这表明该传染病始于澳大利亚东北部，一个多世纪以来一直向南蔓延。因此，除一小部分生活在岛上被地理隔离的考拉外，澳大利亚几乎所有的考拉最终都会被感染，同时，这也表明逆转录病毒在性传播途径下能够发挥显著的传播效果。考拉逆转录病毒与人类免疫缺陷病毒1型一样，通过白血病和淋巴瘤杀死了数百万只考拉。与此同时，这种病毒正在侵入考拉的生殖细胞，一些考拉的体内已经累积了多达100个散布在染色体上的"原病毒位点"。人们对该病毒的研究阐明了逆转录病毒在动物基因组（包括人类基因组）的进化中所发挥的关键作用。

如果我们检测哺乳动物基因组中的逆转录病毒组分，就会发现大量散布在染色体上的原病毒，这些插入的病毒被称为"内源性逆转录病毒"（ERV）。每种脊椎动物的基因组中都含有内源性逆转录病毒。在首批陆生脊椎动物出现之前,这些病毒就已经存在了,人们还在两栖动物(如青蛙)和鱼类(如鲨鱼)的体内发现了它们的身影。人们在能够进行光合作用的绿叶海蜗牛中发现了更古老的逆转录病毒,这种病毒会周期性地涌入宿主的组织。遗传学家在检查绿叶海蜗牛的逆转录病毒基因组时发现,它的序列与加利福尼亚海兔和紫色海胆的逆转录转座子序列相似,这两种生物都生活在美国的太平洋海岸。上述发现表明,逆转录病毒的确非常古老,而且可能在整个动物界的进化过程中发挥了重要的作用。当我们研究内源性逆转录病毒对人类进化的影响时,这种非凡的作用再次得到了证实。

人类的染色体中竟然含有多达20.3万个原病毒插入序列,这表明人类和人类祖先至少得过200种由逆转录病毒引发的流行病。随着时间的推移,这些逆转录病毒已经彻底地改变了人类的进化。了解这种进化模式的关键在于掌握遗传共生模式的进化方式,特别是掌握共生功能体基因组的进化概念。

当病毒基因组嵌入到宿主生殖细胞的基因组上时,这两种基因组会形成一个新的共生功能体基因组,该基因组包含多个进化谱系。因此,在宿主基因组和操纵性病毒基因组的相互作用下,共生功能体基因组将具有新的进化潜力。达尔文的自然选择理论将不会停留在病毒或人类基因组层面上，而是在宿主与病毒的共生功能体基因组层面上发挥作用。自然将选择那些能提高共生功能体生存力的基因组，并抵御那些降低共生功能体生存力的基因组，不论这些变化是否有利于宿主或病毒单方面的基因组和调控元件。

对人类基因组而言，插入的逆转录病毒被称为"人类内源性逆转录病毒"（HERV）。人类内源性逆转录病毒有30～50个科，而这些科又被细分为200多个不同的组和亚组，每一个都代表着一个独立的病毒谱系。这表明人类的灵长类祖先是很多逆转录病毒的受害者。虽然这些流行病大多发生在1000多万年前，但大部分发生在人类谱系与黑猩猩谱系分离后，也就是700万年前左右。其中至少有10种内源性逆转录病毒定植在人类体内，它们对人类来讲是独一无二的，即人类内源性逆转录病毒K族（HERV-K）。

在共生功能体的漫长进化过程中，病毒插入序列和宿主基因组之间会有相互作用的机会，从而获得进化优势。原病毒插入序列改变人类基因组的一种方法就是通过插入大量的病毒长末端重复序列来产生新的基因调控能力，尤其是当这些插入序列出现在人类基因附近时。经过对人类基因组的不懈研究，如今我们是否有确凿的证据表明共生功能体基因组是以上述方式被选择的呢?

答案在绝大多数情况下是肯定的。

在不涉及遗传细节的情况下,很多早就存在的病毒遗传调控区域现在都积极地调控着人类基因的转录。研究人员对人类基因组中的不同调控区域进行了系统筛选,发现了一个关键性的病毒基因序列,它能影响大约533个人类基因的功能。例如,人类内源性逆转录病毒ERV-9就取代了细胞之前的β-球蛋白基因簇——该基因簇由5个基因组成,能够编码人类血液中血红蛋白的β球蛋白。

2000年,两个研究团队分别独立发现,人类内源性逆转录病毒ERVWE1的囊膜基因对人类胎盘结构的形成至关重要。该囊膜基因位于人类的7号染色体上。正常情况下,囊膜基因负责编码病毒的囊膜蛋白,但它现在编码一种叫作合胞素-1的蛋白质。合胞素-1能够在人类胎盘的滋养层细胞中高度表达,使细胞融合在一起形成合胞体——由一层细胞膜包绕的多个核的细胞质团。其实,合胞素改变了滋养层细胞的命运,将它们转化为合胞体滋养层。合胞体是母体和胎儿界面上的一层极薄的膜,在怀孕期间会侵入子宫内膜深处。因为细胞之间没有间隙,所以合胞体能发挥生物过滤功能,从而使得来自母体的营养物和来自胎儿的废物能够穿过细胞质。如果没有合胞体将母体与胎儿分开,胎儿抗原中来自父亲的那一半就会被母体的免疫系统视为"外来异物"。因此,合胞体能够保护胎儿免受母体免疫系统的攻击。

所有哺乳动物的胎盘-子宫内膜界面都是极为精致的存在。人类、大猩猩、猩猩和黑猩猩都有这个结构,因此,编码合胞素-1的病毒基因是内源性逆转录病毒的一个例子,并不能说明人类内源性逆转录病毒的问题。第二种由内源性逆转录病毒基因编码的蛋白质被称为合胞素-2,由人类6号染色体上的原病毒位点HERV-FRD表达。合胞素-2在胎盘界面的胚胎侧表达,具有强大的免疫抑制功能,能够保护胎儿免受母体的免疫攻击。现在,我们发现至少有12个不同的内源性逆转录病毒基因位点在人类的繁殖过程中发挥着重要作用,其中至少有5个位点与胎盘有关,而其他位点的确切功能仍然有待研究。其实,我们才刚刚认识到逆转录病毒在人类繁殖、胚胎发育、免疫机理和细胞生理功能上所发挥的作用。

自合胞素-1和合胞素-2在人类胎盘中被发现后不久,科学家又陆续在其他哺乳动物中也发现了它们,并且它们在这些哺乳动物中也发挥着类似的重要作用。例如,科学家在老鼠体内发现了编码合胞素-A和合胞素-B的基因,这两个基因在老鼠胎盘的形成过程中也发挥着同样的功能。为了证实这个观点,科学家分别培育出了合胞素-A和合胞素-B的表达缺陷型。结果发现这些老鼠的胎盘在细胞融合方面表现出了明显缺陷,它们所孕育的胚胎无一例外地都死亡了。这个实验证实了哺乳动物基因组中的病毒位点所编码的合胞素对胎盘结构和功能的重要性。

我们对合胞素以及人类基因组中其他内源性逆转录病毒功能的研究才刚刚开始。但毋庸置疑的是,这些病毒对人类进化做出了巨大的贡献。越来越多的证据表明,许多人类细胞、组织和器官都涉及病毒的囊膜基因,因此,科学家现在开始研究"HERV转录组"。其实,人类基因组中的病毒组分具有潜在的两面性。我们对内源性逆转录病毒在胚胎发育过程中的功能研究尚处于早期阶段。不过,合胞素和其他内源性逆转录病毒的基因异常也与一些疾病相关,比如人类胎盘异常、唐氏综合征的某些方面,以及子痫前期、宫内发育迟缓和绒毛膜癌等妊娠病。从更广泛的角度来讲,内源性逆转录病毒在许多自身免疫性疾病和癌症中也发挥着或好或坏的作用。

其实,我们似乎陷入了逆转录病毒共生体所带来的困境中:逆转录病毒在有胎盘类哺乳动物的起源和进化中究竟扮演着多么重要的角色?

当人们发现了两种人类合胞素后,以蒂埃里·海德曼为首的一些法国科学家试图回答这个问题。为了确定这两种关键合胞素的存在和功能,他们对很多不同的哺乳动物进行了筛查。实验结果令人震惊,在他们研究的每组动物中,合胞素都在胎盘中扮演着类似的角色。类人猿含有合胞素-1和合胞素-2,啮齿动物含有合胞素-A和合胞素-B。除此之外,他们还扩大了实验范围:兔形目中的兔子;食肉动物;马;蝙蝠;反刍动物;鲸目中的鲸、鼠海豚和海豚;猪形亚目中的猪;食虫目中的刺猬和鼩鼱;非洲兽总目中的大象、土豚和海牛;贫齿目中的食蚁兽、树懒和犰狳。他们在每组实验动物中都发现了这两种关键合胞素的变体。

　　法国科学家的研究并没有就此止步。他们将研究对象转向了有袋动物,它们与哺乳动物关系密切,但在繁殖过程中并不使用足月胎盘。一些有袋动物的胎儿在进入育儿袋之前,会有一个非常短暂的胎盘形成阶段,比如南美负鼠。法国科学家在负鼠的基因组内检测合胞素时,发现了一种新的编码合胞素-1的基因,并将其命名为"syncytin-Opo1"。他们在后续的研究中又发现了第二种逆转录病毒囊膜基因,它存在于所有的有袋动物(包括南美负鼠和澳大利亚塔马尔沙袋鼠)基因组中,至少可以追溯到8000万年前。第二种囊膜基因具有免疫抑制特性。换言之,它的功能与合胞素-2在类人猿中的功能非常相似。

到目前为止，科学家仍未确定这些病毒是否能在胎盘形成的最初阶段起到关键性的作用，以及是否能在更原始的胎盘出现之后整合到基因组内优化胎盘的功能。有袋动物体内短暂存在的胎盘和这两种关键逆转录病毒的发现回答了我们之前提出的问题。科学家总结道："1.5亿年前，卵生祖先获得的合胞素对胎盘的形成起到了关键作用。"

简言之，没有逆转录病毒，就没有如今的有胎盘类哺乳动物。

一 Chapter 22
病毒与生命起源

我们生活在一个精彩而又神奇的世界里，但是，日常的琐事常常分散了我们的注意力，让我们忽略了它的美。当我们仰望夜空的壮丽景象时，正在面对的是宇宙的起源之谜和那些不确定的未来。据天文学家估算，宇宙大约已经有138亿年的历史。地球大约出现在45.4亿年前。毫无疑问，一开始地球上是没有生命的。但令人吃惊的是，5亿多年后，类似细菌的生命便出现了，有化石为证。这些细胞的进化成为第二个未解之谜，而我已故的好友琳·马古利斯和她的儿子多里昂·萨根在他们共同创作的《微观世界》一书中精彩地阐述了这一点。细胞在进化过程中形成了许多生命所必需的代谢途径。最初的生命不可能起源于有着细胞膜和成千上万个基因的复杂生物。它肯定源自那些结构上更接近病毒的简单实体。那么，这些实体原型究竟是如何从无生命的化学物质进化而来的呢？如果想要探索其中的奥秘，我们就必须仔细地研究病毒的本质和起源。

虽然病毒给我们带来了伤害，但是它们并不邪恶。病毒无法思考，也没有情感，不属于道德的范畴。它们不能随心所欲地做自己想做的事。相反，它们受到进化的驱动和控制，一切目的都是最大限度地提高自己的存活率和复制率。地球上所有生命都受到同样进化力的驱动。但是，进化力影响病毒的速度远比影响复杂细胞生物的速度快得多。我们见证了病毒与地球上每种细胞的共生作用。在如此之快的进化作用以及病毒对宿主细胞基因组的利用和潜在改变下，病毒不可避免地会影响到细胞的进化。

不过，病毒的起源究竟是什么呢？

自人类发现病毒的一个多世纪以来，关于病毒起源的理论就在不断发生变化。虽然现在有各种各样的病毒起源理论，但是我们仍然不知道它们的真正起源。我们只能从病毒的生物构成、行为和本质来推断病毒的形成方式。目前存在四种病毒起源理论。

"病毒优先"理论认为病毒起源于前生物时代的地球进化。"还原"理论认为早期单细胞生物简化和还原后形成了病毒。"逃逸"理论是在"还原"理论的基础上发展而来的，认为病毒来自细胞中的基因片段,就像那些有时参与原核细胞基因交换的质粒一样,病毒逃脱了母细胞的控制,成为自我驱动型寄生生物。"多源性"理论认为,既然病毒包含许多不同的基因片段,那么它们很可能具有不同的起源。我认为这四种理论各有优缺点,也相信对整个病毒世界最合理的解释应该包含许多不同的演化机制,因此,我们在不同种类的病毒中看到了很多起源理论。我个人支持病毒优先理论,并认为RNA病毒是所有病毒的始祖,起源于RNA世界的生命阶段。

早期的病毒起源理论在很大程度上受到"病毒不可能出现在细胞之前"这样一种信念的影响,因此,病毒被定义为细胞的基因寄生生物。即使我们采用更全面的共生关系来解释病毒,一些进化生物学家也坚持认为病毒不可能出现在细胞之前,因为在他们看来,只有先出现宿主,病毒才能进入共生关系。但我仍然认为,当涉及RNA病毒时,我们不能这样假设。病毒并不一定需要共生伙伴。我们已经在病毒之间相互合作的例子中见证了这一点。我认为还有很好的理由让我们相信,RNA病毒起源于RNA世界。

DNA和RNA有着本质上的区别。我们知道DNA是包括人类在内的所有细胞生物的遗传分子。我们对此有着合理的解释:DNA的化学稳定性促使它成为完美的遗传载体。相比之下，RNA则是完全不同的两码事。

　　达尔文认为，自然选择从进化早期就开始发挥作用。对于细胞形式的生物进化来讲，尽管细胞起源（细胞是生命的基本结构）是一个非常重要的环节，但遗传载体核酸链的自我复制和代谢所需蛋白质的编码过程也同样重要。现代生物化学研究表明，达尔文提出的进化机制可以外推到生命起源之前的时期，这一阶段已经涉及核酸链的自我复制。同样，我们也知道DNA必须借助DNA聚合酶才能完成自我复制。而RNA既能够像DNA一样储存遗传密码，也能够完成自我复制的催化、建构和调节。因此，一些化学家认为，生命很可能是以那些能够自我复制的RNA为开端，在原始的RNA世界中产生进化的。

　　如果我们把基本的进化理论应用到RNA的自我复制上就会发现，RNA在复制过程中出现的错误会产生突变，造成子代RNA序列改变，这一特性与现在的生物进化一样。此外，如果两个不同的预进化RNA合并成一个更大、更复杂的RNA，那么，这会像我们今天在遗传共生体的谱系融合中所看到的那样，增加遗传的复杂性。如果我们假设达尔文是正确的，自然选择在进化的最初阶段就能够发挥作用，那么，突变体和共生功能体会在这个原始世界中为生存而战，此时竞争优胜者的基因就会控制当地种群。为了验证上述假设，科学家进行了实验，结果证明这些假设完全符合预期。

我们可以从当前的进化理论中推测自我复制阶段病毒的进化模式。

1922年，为了重现地球生命起源之前的进化，德国化学家、诺贝尔奖得主曼弗雷德·艾根发现，基因的自我复制因子能够寄生在其他自我复制因子上。他首次证实了病毒的存在并非以细胞的出现为前提的观点。大约二十年后，约翰·冯·诺伊曼通过计算机建模创建了人工生命程序，并观察到了同样的现象。自我复制因子寄生在了他的计算机数学模型上。后来，在更智能的计算机模拟实验中，细胞培养的RNA病毒进一步证实了这种自发的寄生模式。每当出现这种情况时，寄生元件都会侵入自我复制因子，并与之相互作用。我们在现代病毒学中得到了确凿的证据，细胞既没有RNA病毒和DNA病毒复制所需的关键基因，也没有编码RNA病毒和DNA病毒的衣壳蛋白的基因——衣壳是病毒的膜，相当于细胞的细胞膜。

许多地球生命起源的权威论断都支持RNA起源论。病毒优先理论为RNA病毒和细胞的起源提供了逻辑基础。随后，从RNA基因组到DNA基因组的进化步骤只需将尿嘧啶替换为胸腺嘧啶即可，这将提高亲代和子代遗传过程中的基因稳定性。这种稳定性很可能源于自然选择。但是，究竟在什么样的环境中,这些原始的自我复制因子才会和自然选择发生相互作用呢?

1871年,达尔文给他的良师益友约瑟夫·胡克写了一封信,信中提道:"我们可以设想一个热的小池塘,里面存在氨、磷酸盐、光、热、电等,而蛋白质就在这种环境下通过化学方式形成,并且它们的结构可以越变越复杂。"这是一幅有趣的画面,但目前的观点更倾向于支持地球生命源自炙热的深海热液喷口,而不是达尔文的小池塘。

生物学家在80℃以上的高温下搜寻着这些看似恶劣的环境,他们发现,高温水生环境中类病毒颗粒的种类数量远远超过低温水生环境。这些病毒似乎能在高温和苛刻的环境中茁壮成长。这种生存环境似乎能为RNA的自我复制提供源源不断的突变和进化力,这太不可思议了!长链RNA在类似深海热液喷口的环境条件下的进化可能性是目前实验研究的主要方向。结果表明,那些自然形成的、富含矿物质(如硼酸盐、磷灰石和方解石)的表层水可能会催化无机化合物形成小分子的有机化合物。这些研究还证实,RNA多核苷酸(原生RNA的基本成分)能够在这样恶劣的条件下进行自我组装。

我们知道DNA是一种高度稳定的分子,因此,它能够充当亲代和子代遗传过程中的信息载体。相比之下,DNA的姐妹分子RNA却不是很稳定。不过,正是RNA的不稳定性赋予了它快速变化的进化特性。因此,在生命起源的早期阶段,RNA可能才是能够适应深海热液喷口不稳定环境的完美遗传分子。此外,其他结果表明,很有可能是RNA开启了从化学物质到生命的最初转化阶段。

目前,RNA病毒是唯一由RNA基因组编码的生物,这表明我们能够通过研究RNA病毒来了解RNA世界。从自我复制因子到生命的进化历程中,一个关键的步骤就是"自我"概念的进化。RNA病毒就具有这种原始潜能,正如我们在人类免疫缺陷病毒1型中所看到的那样,病毒可以进化成准种。不过,"准种"这个奇怪的术语又是什么呢?

德国化学家曼弗雷德·艾根将达尔文的自然选择概念应用到了能够自我复制的多核苷酸的进化行为上,提出了"准种"这个术语。对于那些研究RNA病毒的培养和感染的生物学家来讲,这个概念很有意义。他们发现,一群具有同一病毒前体的突变体能够作为一个进化实体与其他个体和群体竞争,最终在一个高度诱变的环境中生存下来。准种群的进化似乎赋予了群体成员一种原始的"自我"认知,使它们在极端环境下也具有生存优势。病毒学家通过对不同实验环境下RNA病毒准种行为的研究发现,与非群体竞争对手相比,即使是不那么适合的准种成员也会具有更强的竞争力,这证明了自然选择发生在群体水平上,而不是单个病毒水平上。

这种RNA介导的群体识别模式能够适用于许多不同的实验情况,比如自我复制的多核苷酸以及实验室和患者体内RNA病毒的实际行为。它支持了这样一种可能性:在假定的RNA世界中,类RNA病毒实体在生命起源的原始"自我"识别中扮演着关键角色。它还支持了RNA世界的RNA病毒起源理论。细胞起源的一个关键阶段就是作为遗传分子的DNA的出现。从病毒优先理论的观点出发,我们能够设想生命的起源、从RNA前体转化而来的DNA病毒,以及病毒与宿主之间的基因共生交换。现在,RNA病毒和DNA病毒与所有细胞形式的生命建立了各种遗传共生关系,并支持这种仍在进行的基因相互作用。当今世界的生物多样性以及复杂的生态系统都能通过RNA病毒和DNA病毒与细胞形式的生命的相互作用来解释。

一 Chapter 23
病毒是第四域吗

在20世纪的很长一段时间里，生物学家一致认为生命被分为五界：动物、植物、真菌、原生生物和细菌。这个分类是建立在细胞的基础之上的。此外，我们只需使用普通实验室的显微镜就能观察出五界之间的差异。当然，前四界与细菌的区别很大：动物、植物、真菌和原生生物构成了真核生物，具有细胞核，基因组就在细胞核里；而细菌是原核生物，没有细胞核，单个细胞的基因组呈线性缠绕。近一个世纪以来，这种分类系统一直占据生物分类的主流。然而，1977年，美国伊利诺伊大学厄巴纳-香槟分校微生物系的微生物学家卡尔·理查德·乌斯和拉尔夫·斯托纳·沃尔夫突然在《美国国家科学院院报》上发表了一篇文章，打破了这个旧的分类系统。乌斯在相关论文里废除了五界分类法，引入了一种更为激进的分类法。

乌斯和沃尔夫首先提出，我们不能单独地将原核生物分

218

为一个界，而是要将它分成两个不同的域。第一个域为"真细菌"，也就是我们所熟悉的细菌，比如引起肺结核的细菌；第二个域为"古细菌"，比如人类结肠中的大肠杆菌。虽然进化生物学家仍在争论着他的提议，但乌斯还是放弃了"古细菌"这个术语，将它改为更简单的"古生菌"。该词来源于希腊语，意思是"古代的东西"。在定义古生菌的历程中，乌斯发现这不仅是一个新的细菌分类，还是一个全新的生命领域。

乌斯证实了古生菌应该是地球上最早的细胞形式的生命，它们栖息在原始的厌氧生态环境中，因此，它们的内部生化反应会利用甲烷和硫化氢等原始化学物质。他进一步提出，之前的进化树应该被重新分为三个不同的域：古生菌、真细菌和真核生物。真核生物是指除古生菌和真细菌以外的所有细胞生物，包括动物、植物、真菌以及原生生物（如变形虫）。

是什么驱使乌斯得出了如此反传统的结论呢？

如果我们想要了解这一问题的答案，就应该知道乌斯看到的并不是我们现今看到的丰富多彩的世界，而是数十亿年前生命最初起源时的单细胞生物时代。因为那时的生物基本上都是微生物，所以不太可能在化石记录中留下太多线索。这迫使他采用新方法来解释生命进化的原始阶段。1997年，乌斯这样解释他的基本思路："我们了解植物和动物的进化历程，却忽略了所有的细菌。因此,我认为自己首先要做的就是引入原核生物。"

由于乌斯在化石中没有发现任何相关线索,因此,他将目光集中在了最基本的细胞成分——基因和生化记录上。他还认为生命起源于RNA。他特别关注细胞质中的核糖体RNA,这些RNA是每个活细胞的蛋白质制造工厂。乌斯认为,生命起源之初就有蛋白质的制造过程,并相信这个过程会为他提供完美的研究工具,帮助他探索数十亿年的生命进化规律。

乌斯对不同细菌的核糖体RNA进行了比较,并发现了新大陆。细菌的核糖体RNA并不相同。虽然显微镜下的产甲烷菌和其他细菌看起来完全一样,但是它们的核糖体RNA序列却差异显著。同时,我们从产甲烷菌代谢甲烷的能力中也可以看出,它的起源非常古老。产甲烷菌就是乌斯最初命名为"古细菌"的生物。不过,他继续深入研究后发现,产甲烷菌的生化途径非常特别,于是他推断,它在进化的起源上与我们所熟知的大多数细菌没什么太大关系。乌斯的最终结论是:这些古细菌一定来自不同的细菌进化谱系,它们与细菌之间的差异可以追溯到细胞存在的最初之时。这些古细菌的特点表明,它们的起源比我们熟悉的细菌(乌斯把这些细菌叫作"真细菌")更古老,后来,他把古细菌重新命名为"古生菌"。

毋庸置疑,乌斯对进化树的改组引起了传统生物学家的质疑。根据乌斯的分类,真细菌和古生菌之间的差异比变形虫和橡树之间的差异还大。他的观点遭到了各方的猛烈抨击,其中包括一些世界著名的进化生物学家。

乌斯是一个害羞、内向、不愿参加科学会议的人,他的这种性格并不利于人们接受他的重新分类的观点。但是,乌斯并没有被眼前的情况吓倒,而是继续研究他的发现,从不质疑自己观点的真实性和意义。与此同时,当越来越多关注基因的生物学家认识到古生菌、真细菌和真核生物之间那种重要而又细微的差异时,乌斯革命性的生物分类逻辑便开始取得胜利。现在,大多数的进化生物学家都不再采用之前的五界分类系统来划分生命,而是采用乌斯的三域分类系统。在这个分类系统中,真核生物(真正的有核生命形式)囊括了之前的四界:动物、植物、真菌和原生生物。而且生物学界一致认为,真细菌和古生菌是两个独立的域。

一般来说,真细菌的基因组和内部生化过程要比古生菌的更复杂,前者的分布也更为广泛。因此,当生物学家笼统地谈论细菌时,通常他们所指的都是真细菌。古生菌和真细菌的不同之处在于细胞壁的化学组成,以及参与DNA复制、转录和翻译过程的几种关键酶的化学结构。这些结果都证实了乌斯的想法,古生菌的确拥有一些能表明它们来自最早期细胞生物的重要特征,那时的地球并不像现在这样环境宜人。另外,真细菌既能在有氧环境中生活,又能在无氧环境中生活。我们在很多常见的水生生态环境和陆生生态环境中都能发现真细菌,然而,古生菌的栖息环境往往比较严苛,要求没有氧气。

乌斯的三域分类系统与之前的五界分类系统一样,并没有体现出非细胞结构病毒的存在。但正如我们之前所看到的那样,病毒在生命起源和物种多样性中发挥了极其重要的作用。那么,我们该如何解释病毒及其在生命进化中所起到的作用呢?任何有关这方面的解释都是推测,也许,我们首先应该仔细观察病毒,特别是观察它们的遗传物质、生化组成和行为模式,注意在这一过程中不要加入任何预期。

现在,我们先问一个最近在微生物学期刊上引起争议的问题:病毒是细胞生命形式的第四域吗?

我的答案肯定是"不是"。病毒没有细胞结构。它们既没有细胞膜,也没有典型的细胞遗传和生化特征。例如,它们没有核糖体结构,而核糖体正是乌斯进化论中的基本关注点之一。

那么,让我们来提出一个新问题:是否存在病毒有而细胞没有的结构呢?

答案是肯定的。病毒虽然没有细胞膜,但有一种特有的替代膜。我们曾在本书前几章中一次次地提到过这种结构——衣壳。因此,我们现在已经确定了两个任何细胞域的生物都不具有的典型特征:病毒是非细胞的,编码病毒结构的基因组被包裹在衣壳中。

现在,让我们来继续讨论基因组。从生命进化的角度来讲,基因组是最重要的结构,因为它能够存储、编码生物的生理结构,而且承载着遗传信息。我们知道病毒也有基因组,不过病毒的基因组比细胞的基因组更小、更紧凑。因此,认为病毒是生命形式的一个重要论据就是其基因组结构。此外,还有另一个重要的线索能将病毒从三域中分离出来:有些病毒(占所有病毒的一小部分,但总量非常可观)的基因组是RNA结构,并非DNA结构。如果生命真的是以RNA世界为开端的,那么,这将可能与RNA病毒的进化起源有关。随之而来的就是原始"自我"概念的建立,这是从自我复制的多核苷酸到原始生命进化的必要条件。

我们再来提出另一个问题:是否有证据能够证明细胞进化的最原始阶段存在病毒?

1974年,人们发现了一种具有"感染性"的太古代病毒。

这是一种能在高盐环境下生存的盐病毒。由于该发现是在乌斯对进化树进行重新分类之前进行的，因此它最初被归为噬菌体（当时人们认为噬菌体是细菌宿主），并被错误地命名为"嗜盐古菌"。现在，这种盐病毒被重新划分为古生菌病毒。接下来还有一系列与古生菌病毒相关的发现。这些发现提出了一种关于子代病毒释放的新机制，即通过位于古生菌细胞膜上的锥体结构或二十面体对称结构来进行子代病毒的释放。人们并没有在其他域的病毒中发现这种机制。1986年，人们在产甲烷菌中分离出了第一种古生菌病毒。这些奇怪的病毒很难被分离研究，因为它们的宿主古生菌很难培养。20世纪80年代早期，人们在依赖硫的古生菌宿主中分离出了首个嗜热病毒。从那时起，人们已经在各种古生菌和极端或非极端环境中鉴定出了117种古生菌病毒。该领域的专家认为，生物圈中古生菌病毒的多样性很丰富，而我们才刚刚开始发掘。他们还强调，虽然古生菌病毒是三域中最神秘的生物，但它们的形状多样性和基因组变异也非常显著。研究人员重新对29种古生菌病毒进行了分类，发现它们竟然代表15种不同的病毒科。而所有已知的6000种真细菌病毒却仅仅来自10个病毒科。这表明古生菌病毒比其他两域病毒更古老，而且具有更广泛的遗传变异。

224

迄今为止，虽然人们已经研究了很多病毒，但古细菌病毒对人类而言还是相对比较陌生的。它们的形状比较多样：有些像瓶子或纺锤，具有或长或短的尾巴；有些像水滴，长着胡子一样的纤维结构；还有一些像线圈或圆球，能够在离开宿主后长出新的尾巴。多年来人们通过对黄石公园内的一个酸性温泉的详细研究解释了这些病毒与古生菌宿主之间的复杂共生作用。

正如我们所期待的那样，在这个原始的酸性温泉中，微生物群落规模相对比较适中，有97%的古生菌和3%的真细菌，没有真核细胞。同时，微生物群落在几年之间都相对比较稳定。古生菌病毒是病毒群落里的主要成员。一个有趣的现象是大部分的古生菌病毒都是RNA病毒。但是，这些病毒的RNA基因组缺乏一种能够使病毒在真核生物或真细菌宿主体内复制的关键酶，这表明它们可能是所有已知病毒中最古老的存在。那些研究地球上生命诞生之初的微观世界的微生物学家认为，上述发现强调了"病毒在引发疾病、控制微生物群落的组成和结构以及推动进化方面所起到的核心作用"。

目前，生物学界正在改变对病毒的旧有看法。病毒处于生态系统食物链的最底端，"管理"着微生物群落，并通过一系列共生作用维持生态系统的稳定。这些发现指出了病毒对深层次生态平衡的重要性，再加上大量病毒与细胞形式的三域生物

（包括真核生物的哺乳动物分支）共生的例子，更加突出了病毒对生物多样性的重要贡献。

让我们把目光重新聚焦到病毒在进化树上颇具争议性的角色。

人类总是将地球视为"我们的世界"，认为自己是地球的霸主。但事实上，人类对生物多样性而言并不是至关重要的存在。人类迅速激增的人口不断地侵入荒野地区，破坏热带雨林，并对海洋过度捕捞，这给许多主要生态系统的自然平衡带来了压力，同时也造成了大量物种的灭绝。地球刚刚从臭氧危机中恢复过来，就又面临着气候变化和海洋污染的挑战。我们需要明白，人类生活在一个充满未知的病毒圈中。撇开病毒带来的疾病不谈，它们在地球的生命起源以及生物多样性的进化过程中发挥了重要的作用。如果我们质疑病毒对生物多样性的作用，那么我们可能要问自己一个问题：如果病毒从地球上消失会怎么样？我们只需考虑一下海洋中或陆地上的那些大型营养物质循环，就能猜到答案。

那些反驳病毒是生物的人认为，病毒不具备自我复制能力，因此，人们不能把病毒当作生物来考察。这是对共生本质的误解。每种病毒都是其宿主细胞的共生伙伴：正是这种相互作用的本质决定了病毒依靠宿主进行复制。反过来,病毒通过共享宿主的生命周期,对宿主的进化做出了巨大贡献。所有病毒都是专性共生体,这是我将病毒定义为生物的最后一个关键要素。我想提醒读者,只有将所有问题都考虑在内时,我才对病毒提出了一个新的定义:

病毒是非细胞的衣壳编码的专性共生体。

经过一番深思熟虑,我认为RNA病毒起源于RNA世界中基于RNA自我复制因子的共生体。接下来,生命进化到了细胞形式的三域阶段,病毒在与宿主细胞的共生过程中不断进化,促进生物多样性的繁荣,并在进化树的起源和多样性中发挥重要作用。即使到了今天,病毒仍在全球范围内发挥着这一作用。从生物学家的角度来看,将病毒从细胞域中分离出来的做法有些模棱两可,正如杜钦斯卡和古兹卡所说,"病毒自进化之初就与细胞域纠缠在一起"。

病毒学这门学科就像病毒本身的进化一样已经逐步发展起来,它是一个独立的研究领域,但也与更广阔的生物学领域有着错综复杂的联系。随着进化生物学家和生态学家对病毒和细胞域之间相互作用的理解不断加深,这种观点已经越来越过时。不过,我始终坚信病毒有属于自己的生物学领域,无论是被称为生命的"第四域",还是简单地被称为"病毒域"。

参 考 文 献

想要了解更多科学知识的读者可以利用这个指南展开进一步阅读。我在开头列出了几本相关的书。少量的参考文献可能会在不同的章节中重复出现,因为它们涵盖了不止一个主题。读者也可以在我的网站http://www.fprbooks.com/上获得有用的参考资料。

图书资料

Collier L. and Oxford J., *Human Virology*. Oxford University Press, 1993.

Field B.N. and Knipe D.M., *Field's Virology*. Raven Press, New York, 1990.

Margulis L. and Sagan D., *Microcosmos: Four Billion Years of Microbial Evolution*. University of California Press, Berkeley, Los Angeles, London, paperback, 1997.

McNeill W.H., *Plagues and Peoples*. Basil Blackwell, Oxford, 1977.

Nibali L. and Henderson B., eds, *The Human Microbiota and Chronic Disease*. Wiley Blackwell, Hoboken New Jersey, 2016.

Ryan F., *Virus X*. Little Brown and Company, Boston, New York, Toronto and London, 1997.

Ryan F., *Virolution*. HarperCollins Publishers Ltd, London, 2009.

Ryan F., *The Mysterious World of the Human Genome*. HarperCollins Publishers Ltd, London, 2015.

Summers W.C., *Félix d'Herelle and the Origins of Molecular Biology*. Yale University Press, 1999.

Villarreal L.P., *Viruses and the Evolution of Life*. ASM Press, Washington D.C., 2005.

引 言

The book on the human genome: see Ryan F., *The Mysterious World of the Human Genome*, in Books.

Chapter 2

For more details of the human microbial flora: see Nibali and Henderson in books above.

Chapter 3

Hankin E.H., L'action bactéricide des eaux de la Jumna et du Gange sur le vibrion du choléra. *Annales de l'Instituté Pasteur*, 1896; 10: 511–523.

Twort F.W., An investigation on the Nature of Ultra-Microscopic Viruses. *The Lancet*, 1915; 186: 4814.

D'Hérelle Félix, Sur un microbe invisible antagoniste des bacilles dysentériques. *Comptes Rendus de l'Adadémie des Sciences de Paris*, 1917; 165: 373–375.

D'Herelle's references to bacteriophages as symbionts, comparing them to the mycorrhize of orchids: D'Herelle F., *The Bacteriophage and Its Behaviour*. Ballière, Tindall and Cox, London, 1926. Chapter V: p.211. (NB on p.343 d'Herelle defends the bacteriophage as living. See also pp.326 and 354.)

Chapter 4

WHO figures and advice on measles: www.who.int/news-room/ fact-sheets/detail/measles.

'Measles rise worldwide from 2017 to 2018'. *New Scientist*, 24 February 2018, pp.4–5.

'Measles is back with a vengeance – is the anti-vaccination movement to blame?' Chloe Lambert, *Daily Telegraph*, 7 May 2018.

For GPs put on alert over surge in measles: Chris Smyth, *The Times*, 3 July 2018.

Rubella and links to teratogenicity: Lee J-Y, and Bowden D.S., Rubella Virus Replication and Links to Teratogenicity. *Clin. Microbiol. Rev.*, 2000; 13(4): 571–587.

Chapter 5

How noroviruses cause disease: Karst S.M., Pathogenesis of Noroviruses, Emerging RNA Viruses. *Viruses*, 2010; 2: 748–781. See also: Karst S.M. and Wobus C.R. A Working Model of How Noroviruses Infect the Intestine. *PLOS Pathogens*, February 27, 2015| doi:10.1371/journal.ppat.1004628.

Chapter 6

For more details of Franklin D. Roosevelt: see FDR Presidential Library & Museum online.

Chapter 7

The role of smallpox in the European conquest of the Americas: See McNeill W.H. in recommended books.

Smallpox virus's inhibition of interferon: Del Mar M. and de

Marco F., The highly virulent variola and monkeypox viruses express secreted inhibitors of type I interferon. *FASEB J.*, 2010; 24(5): 1479–1488.

Chapter 8

For a more detailed contemporary description of the *Sin Nombre* hantavirus outbreak, see *Virus X* in books.

Chapter 9

Furman D., Jolic V., Sharma S., et al., Cytomegalovirus infection enhances the immune response to influenza. *Sci. Translational Med.*, 2015; 7(281): doi 1-.1126/scitranslmed. aaa.2293.

Reese T.A., Co-infections: Another Variable in the Herpesvirus Latency-Reactivation Dynamic. *J. Virol.*, 2016; doi 10.1128/ JVI.01865-15.

Cytomegalovirus frequency in US populations: Staras S.A., Dollard S.C., Radford K.W., et al., Seroprevalence of cytomegalovirus infection in the United States, 1988–1994. *Clin. Infect. Dis.*, 2006; 43(9): 1143–1151.

Butkitt's paper on lymphoma in African children: Burkitt D., A sarcoma involving the jaws in African children. *Br. J. Surg.*, 1958; 46: 218.

Chapter 10

Deaths from influenza during World War I: Wever P.C. and van Bergen L., Death from 1918 pandemic influenza during the First World War: a perspective from personal and anecdotal evidence. *Influenza and Other Respiratory Viruses*, 2014; 8(5): 538–546. doi:10.1111/irv.12267.

Information on SARS: Smith R.D., Responding to global infectious disease outbreaks. Lessons from SARS on the role of risk perception, communication and management. *Social Science and Medicine*, 2006; 63(12): 3113–3123.

Bird Flu 2017 in China: MacKenzie D., Lethal flu two genes away. *New Scientist*, 24 June 2017: 22–23.

Chapter 11

The rabies case report: McDermid R.C., Lee B., et al., Human rabies encephalitis following bat exposure: failure of therapeutic coma. *C.M.J.*, 2008; 178(5): 557–561.

The lesson of the myxomatosis virus and the Australian rabbit: Kerr P.J., Liu J., Cattadori I., et al., Myxoma Virus and the Leporipoxviruses: An Evolutionary Paradigm. *Viruses*, 2015; 7: 1020-1061. doi:10.3390/v7031020.

Chapter 12

For a detailed contemporary description of the initial Ebola outbreak: see *Virus X*.

For the story of the 2014 West African outbreak, and most particularly, the neurological complications: Billioux B.J., Smith B. and Nath A., Neurological Complications of Ebola Virus Infection. *Neurotherapeutics*, 2016; 13: 461–470.

Bats as source of viruses: Olival K.J. and Hayman D.T.S., Filoviruses in Bats: Current Knowledge and Future Directions. *Viruses*, 2014; 6: 1759–1788.

Bats as source of other viruses: Marsh G.A., de Jong C., Barr J.A., et al., Cedar Virus: A Novel Henipavirus Isolated from Australian Bats. *PLOS Pathogens*, 2012; 8(8): e1002836. See also: Olival K.J., Hosseini P.R., Zambrana-Torrelio C., et al., Host and viral traits predict zoonotic spillover from mammals. *Nature*, 2017; 546: 646–650.

Chapter 13

Zika and brain complications: Da Silva I.R., Frontera J.A. and Bispo de Filippis A.M., Neurologic Complications Associated with the Zika Virus in Brazilian Adults. *JAMA Neurol*, 2017; doi:10.1001/namaneurol.2017.1703.

The use of *Wolbachia* in mosquito control. *Daily Telegraph*, UK, 2016/10/26/infected mosquitoes-to-be-released-in-Brazil-andColumbia . . .

Chapter 14

For details of the history of hepatitis: Trepo C., A brief history of hepatitis milestones. *Liver International*, 2014. doi.10.1111/ liv.12409.

The WHO statistics for hepatitis B: www.who.int/news-room/ factsheets/detail/hepatitis-b.

Information on rising incidence of hepatitis E in UK: see UK. gov website.

Chapter 15

The Cromwell quote: Burns D.A., 'Warts and all' – the history and folklore of warts: a review. *J Roy Soc Med*, 1992; 85: 37–40.

The zur Hausen note: Zur Hausen H., Condylomata Acuminata and Human Genital Cancer. *Cancer Research*, 1976; 36: 794.

The Who Bulletin on the incidence of cervical cancer and HPV vaccines: Cutts F.T., Franceschi S., Goldie S., et al., Human papillomavirus and HPV vaccines: a review. 2007. www.who. int/vaccines-documents/DocsPDF07/866.pdf.

HPV vaccination in England: Johnson H.C., Lafferty E.I., Eggo R.M., et al., Effect of HPV vaccination and cervical cancer screening in England by ethnicity: a modelling study. *The Lancet*, 2018; 3:e44- 51. http://dx.doi.org/10.1016/

s2468.2667(17)30238–4.

HPV vaccination in Scotland: Narwan, G. Vaccine drive cuts cancer virus by 90 per cent. *The Times*, 6 April 2017.

HPV vaccine in Ireland: Coyne, Ellen, Senior Ireland Reporter, *The Times*, 2 August 2017.

HPV in the United States: The Henry Kaiser Family Foundation, October 2017 Factsheet. HPV Vaccine: Access and Use in the US.

Chapter 16

Mimivirus genome: Raoult D., Audic S., Robert C., et al., The 1.2-megabase genome sequence of Mimivirus. *Science*, 2004; 306: 1344–1350.

Breaking epistemological barriers: Claverie J-M and Abergel C., Giant viruses: the difficult breaking of multiple epistemological barriers. *Studies in History and Philosophy of Biological and Biomedical Sciences*, 2016; 59: 89–99. Klosneuvirus: Schulz F., Yutin N., Ivanova N.N., et al., Giant viruses with an expanded complement of translation system components. *Science*, 2017; 356: 82–85.

Sequences similar to Mimivirus in the Sargasso Sea: Ghedin E. and Claverie J-M, Mimivirus Relatives in the Sargasso Sea. *Virol. J.*, 2: 62. doi:10.1186/1743-422X-262.

Curtis Suttle quote: Science Daily, 2011. World's Largest,

Most Complex Marine Virus Is Major Player in Ocean Ecosystems. www.sciencedaily.com/releases/2010/10/101025152251.htm.

Conflicts involving viral giants: Forterre P., Giant Viruses: Conflicts in Revisiting the Virus Concept.*Intervirology*, 2010; 53: 362–378.

Giant viruses in Antarctica: Kerepesi C. and Grolmusz V., The 'Giant Virus Finder' discovers an abundance of giant viruses in the Antarctic dry valleys. *Arch Virol.*, 2017; 162: 1671–1676.

Origins of giant viruses from smaller viral predecessors: Yutin N., Wolf Y.I. and Koonin E.V., Origin of giant viruses from smaller DNA viruses not from a fourth domain of cellular life. *Virology*, 2014; 466–467: 38–52.

Definition of viruses as capsid-encoding organisms: Forterre P. and Prangishvili D., The great billion-year war between ribosome- and capsid-encoding organisms (cells and viruses) as the major source of evolutionary novelties. *Ann. N.Y. Acad. Sci.*, 2009; 1178: 65–77.

The four mechanisms of the acronym MESH: Ryan F.P., Genomic creativity and natural selection: a modern synthesis. *Biological Journal of the Linnean Society*, 2006; 88: 655–672.

Chapter 17

Excluding viruses from the tree of life: Moreira D. and LópezGarcia P., Ten reasons to exclude viruses from the tree of life. *Nature Reviews\Microbiology*, 2009; 7: 305–311.

Key genes for proteins involved in viral replication only found in viruses: Koonin E.V., Senkevich T.G. and Dolja V.V., 2006. The ancient Virus World and the evolution of cells. *Biology Direct.* doi:10.1186/1745-6150-1-29.

Genes encoding the major capsid proteins on found in viral genomes: Prangishvili D. and Garrett R.A., 2004. Exceptionally diverse morphotypes and genomes of crenarcheal hyperthermophilic viruses. *Biochem. Soc. Trans.* 32(2): 204–208. See also Koonin, Senkevich and Dolja 2006.

Retroviruses and bacteriophages not originating from cellular offshoots: Villarreal L.P., 2007. Virus–host symbiosis mediated by persistence. *Symbiosis.* 44: 1-9. See also Hambly E. and Suttle C.A., 2005. The virosphere, diversity, and genetic exchange within phage communities. *Curr Opinion Microbiol.* 8: 444–450.

Viruses and all three cellular domains intertwined in their evolution: Durzyn'ska J. and Goz'dzicka-Józefiak A. Viruses and cells intertwined since the dawn of evolution. *Virol. J.*, 2015; 12: 169. doi: 10.1186/s12985-015-0400-7.

Chapter 18

All polydnaviruses from a single source: Provost B., Varricchio P. and Arana E., et al., Bracoviruses contain a large multigene family coding for protein tyrosine phosphatases. *J. Virol.*, 2004; 130: 90–103.

Single unique origin to the wasp–virus symbiosis: Whitfield J.B., Estimating the age of the polydnavirus/braconid wasp symbiosis. *Proc. Natl. Acad. Sci. USA*, 2002; 99(11): 7508–7513. See also Belle E., Beckage N.E., Rousselet J., et al., Visualization of polydnavirus sequences in a parasitoid wasp chromosome. *J. Virol.*, 2002; 76: 5793–5796.

Chapter 19

The Suttle quote: Suttle C.A., Viruses in the sea. *Nature*, 2005; 437: 356–361.

Some other papers related to the oceanic virosphere: Danovaro R., Dell'Anno A., Corinaldesi C., et al., Major viral impact on the functioning of the benthic deep-sea ecosystems. *Nature*, 2008; 454: 1084–1087. Mulkidjanian A.Y., Koonin E.V., Makarova K.S., et al., The cyanobacterial genome core and the origin of photosynthesxis. *P.N.A.S.*, 2006; 103(35): 13126–13131. Lindell D., Sullivan M.B., Johnson Z.I., et al., Transfer of photosynthesis genes to and from Prochlorococcus viruses. *P.N.A.S.*, 2004; 101(30): 11013–11018.

Phage viruses 'a major component' of the oceanic environment: Krupovic M., Prangishvili D., Hendrix R.W.

and Bamford D.H., Genomics of Bacterial and Archaeal Viruses: Dynamics within the Prokaryotic Virosphere. *Microbiol. and Mol. Biol. Rev.*, 2011; 75(4): 610–635.

The great virus comeback: Forterre P., *The Great Virus Comeback* (translated from the French). *Biol. Aujourdhui*, 2013; 207(3): 153–168.

Viruses more numerous than every other organism put together, including the bacteria, by an order of ten to a hundred-fold: Koonin E.V. and Dolja V.V., A virocentric perspective on the evolution of life. *Curr. Opin. Virol.*, 2013; 3(5): 546–557.

Global genetic diversity of viruses: Angly F.E., Felts B., Breitbart M., et al., The Marine Viromes of Four Oceanic Regions. *PLOS Biology*, 2006; 4(11): 2121–2131.

Viruses as drivers of global geochemical cycles: See Suttle 2005 above; also Rosario K. and Breitbart M. Exploring the viral world through metagenomics. *Curr. Opin. Virol.*, 2011; 1(1): 289–297.

Chapter 20

Marilyn Roossinck's review paper: Roossinck M.J., Symbiosis versus competition in plant virus evolution. *Nature Rev. Microbiol.*, 2005; 3: 917–924.

The paper on the three-way virus-infecting-fungus-infecting-plant: Márquez L.M., Redman R.S., Rodriguez R.J. and

Roossinck MJ., A Virus in a Fungus in a Plant: Three-Way Symbiosis Required for Thermal Tolerance. *Science*, 2007; 315: 513–515.

Four different fungus-protecting viruses: Xu P., Chen F., Mannas J.P., et al., Virus infection improves drought tolerance. *New Phytologist*, 2008; doi: 10.1111/j.1469-8137.2008.02627.x.

The prokaryotic virosphere: Krupovic M., Prangishvili D., Hendrix R.W. and Bamford D.H., Genomics of Bacterial and Archaeal Viruses: Dynamics within the Prokaryotic Virosphere. *Microbiol. and Mol. Biol. Rev.*, 2011; 75(4): 610–635.

Viruses in six different ecologies of Delaware soils: Williamson K.E., Radosevich M. and Wommack K.E., Abundance and Diversity of Viruses in Six Delaware Soils. *Appl. Environ. Microbiol.*, 2005; 71(6): 3119–31125.

Viruses in the cryptic Antarctic soils: Williamson K.E., Radosevich M., Smith D.W. and Wommack K.E., Incidence of lysogeny within temperate and extreme soil environments. *Environ. Microbiol.*, 2007; 9: 2563–2574.

Viruses in coastal environments: Srinivasiah S., Bhavsar J., Thapar K., et al., Phages across the biosphere: contrasts of viruses in soil and aquatic environments. *Res Microbiol.*,2008; 159: 349–357.

Williamson K.E, Fuhrmann J.J., Wommack K.E. and Radosevich M., Viruses in Soil Ecosystems: An Unknown Quantity Within an Unexplored Territory. *Ann. Rev. Virol.*, 2017; 4: 201–219.

Need for plant metagenomic studies: Roossinck M.J., Martin D.P. and Roumagnac P., Plant Virus Metagenomics: Advances in Virus Discovery. *Phytopath. Rev.*, 2015; 105: 716–727.

Soil studies extended to Kogelberg Reserve in the Cape of South Africa: Segobola J., Adriaenssens E., Tsekoa T., et al., Exploring Viral Diversity in a Unique South African Soil Habitat. *Sci. Reports*, 2018; doi:10.1038/s41598-017-18461-0.

Soil studies further extended to Peru, California desert, Kansas prairie and paddyfields of Japan and Korea: Rosario K. and Breitbart M., Exporing the viral world through metagenomics. *Curr. Opin. Virol.*, 2011; 1: 289–297.

Abundance of viruses in hydrothermal vents: Prangishvili D. and Garrett R.A., Exceptionally diverse morphotypes and genomes of crenarchaeal hyperthermophilic viruses. *Biochem. Soc. Trans.*, 2004; 32(2): 204–208.

Implications of human virome for transplantation: Tan S.K., Relman D.A. and Pinsky B.A., The Human Virome: Implications for Clinical Practice in Transplantation Medicine. *J. Clin. Microbiol.*, 2017; 55(10): 2884–2893.

Virosphere of the human gut: Aggarwala V., Liang G. and Bushman D., Viral communities of the human gut: metagenomic analysis of composition and dynamics. *Mobile DNA*, 2017; 8:12. doi 10.1186/s13100-017-0095-y.

De la Cruz Peña M.J., Martinez-Hernandez F., Garcia-Heredia I., et al., Deciphering the Human Virome with Single-Virus Genomics and Metagenomics. *Viruses*, 2018, 10, 113; doi.10.3390/ v10030113.

Unknown virus in majority of metagenomic studies of gut virome: Dutilh B.E., Cassman N., McNair K., et al., A highly abundant bacteriophage discovered in the unknown sequences of human faecal metagenomes. *Nat. Comms.*, 2014|5:4498| doi:10.1038/ ncomms5498|www.nature.com/ naturecommunicationsarticles.(页码254).

Chapter 21

The detailed story of the discovery of the HIV-1 virus is told in Chapter 13 of *Virus X.*

Endogenous retroviruses in amphibians and fish, shark and frog: Aiewsakun P and Katzourakis A., Marine origin of retroviruses in the early Palaeozoic Era. *Nature Comms.*, 2017. doi: 10.1038/ ncomms13954.

Retroviruses in the photosynthetic sea slug, *Elysia chorotica*: Pierce S.K., Mahadevan P., Massey S.E., et al., A Preliminary Molecular and Phylogenetic Analysis of the Genome of a Novel Endogenous Retrovirus in the Sea Slug *Elysia chlorotica*. *Biol. Bull.*, 2016; 231: 236–44.

The role of HERVs in embryological development, immunology and cellular physiology: See Villarreal 2005 in books; see also Ryan F.P., Viral symbiosis and the holobiontic nature of the human genome. *APMIS 2016*; 124: 11–19.

The discovery of syncytin-1: Mi S., Lee X. and Li X., et al., Syncytin is a captive retroviral envelope protein involved in human placental morphogenesis. *Nature*, 2000; 403: 785–789;

Mallet F., Bouton O., Prudhomme S., et al., The endogenous retroviral locus ERVWE1 is a bona fide gene involved in hominoid placental physiology. *Proc. Natl Acad. Sci. USA*, 2004; 101: 1731–1736.

The discovery of syncytin-2: Blaise S., de Parseval N., Bénit L., et al., 2003. Genomewide screening for fusogenic human endogenous retrovirus envelopes identifies syncytin 2, a gene conserved on primate evolution. *Proc. Natl Acad. Sci. USA*, 2003; 100: 13013–13018.

Twelve viral loci involved in human reproduction: Villarreal L.P. and Ryan F., Viruses in host evolution: general principles and future extrapolations. *Curr. Topics in Virol.*, 2011; 9: 79–90.

The role of syncytins and other endogenous retroviral genes in human placental abnormalities: Bolze P.A., Mommert M. and Mallet F., Contribution of Syncytins and Other Endogenous Retroviral Envelopes to Human Placental Pathologies. *Progress in Mol Biol and Transl Sci.*, 2018. In press.

The contribution of viruses in the autoimmune disorders and cancer: Ryan F.P., An alternative approach to medical genetics based on modern evolutionary biology. Part 3: HERVs in disease. *J. Royal Soc. Med.*, 2009; 102: 415-424; Ryan F.P., An alternative approach to medical genetics based on modern evolutionary biology. Part 4: HERVs in cancer. *J. Royal Soc. Med.*, 2009; 102: 474–480.

The syncytins in the many different mammalian families: Cornelis G., Heidmann O., Bernard-Stoecklin S., et al.,

Ancestral capture of syncytin-Carl, a fusogenic endogenous retroviral envelope gene involved in placentation and conserved in Carnivora. *Proc. Natl. Acad. Sci. USA*, 201; 109(7): www.pnas. org/cgi/doi/10.1073/pnas.1115346109; Cornelis G., Heidmann O., Degrelle S.A., et al., Captured retroviral envelope syncytin gene associated with the unique placental structure of higher ruminants. *Proc. Natl, Acad. Sci. USA*, 2013. www.pnas.org/ cgi/doi/10.1073/pnas.1215787110; Cornelis G., Vernochet C., Malicorne S., et al., Retroviral envelope syncytin capture in an ancestrally diverged mammalian clade for placentation in the primitive Afrotherian tenrecs. *Proc. Natl Acad. Sci. USA*, 2014; www.pnas.org/cgi/doi/10.1073/pnas.1412268111.

Retroviruses in the origins of the placental mammals: Cornelis G., Vernochet C., Carradec Q., et al., Retroviral envelope gene captures and syncytin exaptation for placentation in marsupials. *Proc. Natl. Acad. Sci. USA*, 2015; www.pnas.org/ cgi/doi/10.1073/ pnas.1417000112.

Chapter 22

The four theories for the origins of viruses: Fisher S., Are RNA Viruses Vestiges of an RNA World? *J. Gen. Philos. Sci.*, 2010; 41: 121–141; Forterre P., The origin of viruses and their possible roles in major evolutionary transitions. *Virus Research*, 2006; 117: 5–16; Bremerman H.J., Parasites at the Origin of Life. *J.Math.Biol.*, 1983; 16: 165–180; Koonin E.V., Senkevich T.G. and Dolja V.V., The ancient Virus World and the evolution of cells. *Biology Direct*, 2006. doi:10.1186/1745-6150-1-29; Villarreal L.P., 2005, *Viruses and the Evolution of Life.*

Life beginning as prebiotic self-replicators: Lazcano A. and Miller S.L., The Origin, Early Evolution of Life: Prebiotic Chemistry, and the Pre-RNA World, and Time. *Cell,* 1996; 85: 793–798; Cronin L., Evans A.C. and Winkler D.A., eds. 2017. From prebiotic chemistry to molecular evolution. www. belstein– journals/bjoc/70.

Self-replicators being parasitised by other self-replicators: Eigen M., Self-organization of matter and the evolution of biological macro molecules. *Naturwissenschaften,* 1971; 58(10): 465–523.

HIV as a quasispecies: Nowak M.A., What is a Quasispecies? *TREE,* 1992; 7(4): 118–121.

The RNA World: Gilbert W., The RNA world. *Nature,* 1986; 319: 618; see also Rich A., On the problems of evolution and biochemical information transfer. *Horizons in Biochemistry,* 1962. Kasha M. and Pullman B., eds. Academic Press, New York, pp. 103–106.

Parasitic elements arising in self-replicator experiments: Bremerman H.J., Parasites at the Origin of Life. *J.Math.Biol.,* 1983; 16: 165–180; Colizzi E.S. and Hogeweg P., Parasites Sustain and Enhance RNA-Like Replicators through Spatial Self-Organisation. *PLOS Computational Biology,* 2016; doi:10.1371/journal.pcbi. 1004902.

Quasispecies gives individual members advantages in survival: De La Torre J.C. and Holland John J., RNA Virus Quasispecies Populations Can Suppress Vastly Superior

Mutant Progeny. *J. Virol.*, 1990; 64(12): 6278–6281.

Key viral genes absent from cellular life: Prangishvili D. and Garrett R.A., Exceptionally diverse morphotypes and genomes of crenarchaeal hyperthermophilic viruses. *Biochem. Soc. Trans.*, 2004; 32(2): 204–208; see also Koonin, Senkevich and Dolja 2006, above.

RNA viruses originating in the RNA World: Forterre P., The origin of viruses and their possible roles in major evolutionary transitions. *Virus Research*, 2006; 117: 5–16; see also Koonin, Senkewich and Doljva 2006.

The symbiotic virosphere: Villarreal L.P., Force for ancient and recent life: viral and stem-loop RNA consortia promote life. *Ann. New York Acad. Sci.*, 2014; 1341: 25–34; Villarreal L.P. and Ryan F., published in the *Handbook of Astrobiology*, ed. Vera M. Kolb. CRC Press, Boca Raton Florida, 2018.

Viruses in the deep-sea hydrothermal vents: Prangishvili D. and Garrett R.A., see above.

The transfer of genetic information is far commoner from virus to host rather than from host to virus: Villarreal L.P. 2005, see books; Filée J., Forterre P. and Laurent J., The role played by viruses in the evolution of their hosts: a view based on informational protein phylogenies. *Research in Microbiol.*, 2003; 154: 237–243; Claverie J-M, Viruses take center stage in cellular evolution. *Genome Biol.*, 2006; 7: 110. doi: 10.1186/gb-2006-7-6-110.

The addition module concept of self: Villarreal L.P. 2005, in books; Villarreal L.P. 2014.

Chapter 23

Woese's iconoclastic first paper on domains: Woese C.R. and Fox G.E., Phylogenetic structure of the prokaryotic domain: the primary kingdoms. *Proc. Natl Acad. Sci. USA*, 1977; 74: 5088– 5090.

A further elucidation of the three domains: Woese C.R., Kandler O. and Wheelis M.L., Towards a natural system of organisms: Proposal for the domains, Archaea, Bacteria and Eucarya. *Proc. Natl Acad. Sci. USA*, 1990; 87: 4576–4579.

Are viruses alive?: See Villarreal L.P. and Ryan F., 2018, published in the *Handbook of Astrobiology*, ed. Vera M. Kolb. CRC Press, Boca Raton Florida, 2018. See also, Koonin E.V. and Dolja V., A virocentric perspective on the evolution of life. *Curr. Opin. Virol.*, 2013; 3(5): 546–557.Villarreal L.P., Force for ancient and recent life: viral and stem-loop RNA consortia promote life. *Ann. N.Y. Acad. Sci.*, 2014; 1341: 25–34.

More about 'extremophiles': Lindgren A.R., Buckley B.A., Eppley S.M., et al., Life on the Edge – the Biology of Organisms Inhabiting Extreme Environments: An Introduction to the Symposium. *Integrative and Comparative Biology*, 2016; 56(4): 493–499. See also Rampelotto P.H., Extremophiles and Extreme Environments. *Life*, 2013; 3: 482–485.

Overview of Archaea and their viruses: Snyder J.C., Bolduc B. and Young M.J., 40 years of archaeal virology: Expanding viral diversity. *Virology*, 2015; 479–480: 369–378. Prangishvili D., Forterre P. and Garrett R.A., Viruses of the

Archaea: a unifying view. *Nature Rev.*, 2006; 4: 837–848.

The central role that viruses play in causing disease, controlling microbial community composition and structure, and driving evolution: Bolduc B., Shaunghessy D.P., Wolf Y.I., et al., Identification of novel positive-strand RNA viruses by metagenomic analysis of archaea-dominated Yellowstone hot springs. *J. Virol.*, 2012; 86: 5562–5573.

Viruses and cells ever entwined: Durzyn'ska J. and Goz'dzickaJózefiak A., Viruses and cells intertwined since the dawn of evolution. *Virol. J.*, 2015; 12: 169. doi 10.1186/s12985-015- 0400-7.